직장인 살빼기 전략

직장인 살빼기 전략

김찬걸 지음

북하우스

| 추천사 | 건강해지면 날씬해집니다

우리는 누구나 날씬하고 건강한 몸을 원합니다. 하지만 진료실에서 환자들을 만나다보면 간혹 건강에는 관심이 없고 오직 날씬하기만을 열망하는 분들을 보게 됩니다. 이런 분들은 '우리 몸은 내가 먹은 음식'이라는 전제를 잊은 채 오직 살을 빼기 위해 타인의 말이나 약에 의존해 결국 몸을 만신창이로 만드는 안타까움을 범하는 경우가 많습니다.

내 몸이 날씬하거나 뚱뚱하거나 건강하거나 병이 들었거나 하는 문제는 일차적으로 내가 먹은 음식에 달렸다고 해도 과언이 아닙니다. 이것이 바로 우리가 매끼 식사에 주의를 기울여야 하는 이유이기도 합니다. 어떠한 먹을거리를 취했느냐에 따라 내 몸은 건강할 수도 날씬할 수도 있습니다.

평소에 이런 신념을 바탕으로 약보다는 생활습관 교정을 근본적인 치료방법으로 택하고 있는 저에게 지난해 방영된 〈목숨 걸고 편식하다〉라는 프로그램은 감동적이었습니다. 외롭고 힘든 이 길을 함께 가는 이들이 있다는 반가움과 든든함도 느꼈습니다. 아마 기존의 치료방법에 한계를 느끼는 의료계와 건강한 치료를 갈망하는 분들에게 희망을 주는 계기가 되었으리라고 확신합니다.

한 달 동안의 체험에 참여한 김찬걸 씨가 우선 체중이 감소하고 위험군이었던 고혈압의 수치가 정상이 되고 건강을 찾아가는 흐뭇한 모습을 볼 수 있었습니다. 또한 철저한 현미채식이 빠른 시간 동안 저자의 외모를 족히 10년은 더 젊고 세련되게 만들더군요. 생활에 찌든 직장인의 모습에서 생기발랄한 젊은이로 되돌아오는 과정을 지켜보면서 현미채식의 강력한 힘을 잘 느낄 수 있었습니다. 더불어 가족들의 건강과 이웃의 삶의 질까지 높이는 힘이 현미채식에 있음을 알 수 있었습니다.

그런데도 이러한 사실을 모르는 현대인들은 골고루 먹어야 건강할 수 있다는 환상에 빠져 매일 매끼 잘 차려진 식탁을 대하려고 합니다. 조금이라도 동물성 식품이 빠져 있으면 허전해하고 반찬 투정을 하기 쉽습니다. 그러나 이러한 동물성 먹을거리들은 우리 몸에서 분해되고 소화되는 과정에서 많은 노폐물을 만들어냅니다. 우리가 일상적으로 흔하게 겪을 수 있는 음식물에 의한 알레르기 반응이나 식중독 증상만 해도 대부분 동물성 단백질이 만든다는 사실을 알 수 있습니다. 이렇듯 몸을 보신하기 위해 먹어온 음식이 도리어 건강을 해치고 몸을 피곤하게 만듭니다.

그러니 이제는 바뀌어야 합니다.

육식의 문화가 지배적인 이 악조건의 상황에서 현미채식을 한다는 것이 힘든 것은 사실이지만 무분별한 식생활을 계속 이어가다가는 처음에는 가벼운 증상에서 시작하여 무서운 질병까지 만들 수 있다는 것은 더 엄연한 사실입니다.

이 책에는 현미채식으로 식단을 바꾸고 생활습관을 교정하면서 느낀 어려움과 그 힘든 과정을 이겨낸 저자의 지혜와 노력이 담겨 있습니다. 보통의 다이어트 책이라고 하면 몸무게를 줄이는 것에만 치중하였지만, 이 책은 날씬해지면서도 건강해지는 방법을 전하고 있습니다. 더불어 바쁘게 살아가는 현대인들이 할 수 있는 식생활 개선에 중점을 두고 있어 실제 생활에 적용하기에도 좋습니다. 건강해지면 날씬해집니다. 이 책을 읽고 실천으로 옮겨보시는 분들 모두 두 마리의 토끼를 다 잡는 놀라운 경험을 하시리라 믿습니다.

신우섭 오뚝이재활클리닉 원장

Are you ready?

2009년 7월. 한 남자가 친구들과 술을 마시고 있다. 그 남자는 배가 부른 듯 허리띠를 풀어 헤치고도 땀을 뻘뻘 흘리면서 안주를 집어먹고 있다. 그 남자는 5시간이 흐른 후 집에 귀가하여 아직도 배가 고픈 듯 냉장고에서 무언가를 찾고 있다. 그 남자의 몸무게는 88.2kg이다.

2010년 늦여름. 한 남자가 친구들과 술을 마시고 있다. 그 남자는 배가 불렀지만 더 이상 허리띠를 풀지 않았고 땀을 흘리지도 않는다. 그 남자는 3시간이 지난 후 집에 귀가하여 아직도 배가 고픈 듯 냉장고에서 사과 한 개를 꺼내서 먹는다. 그 남자의 몸무게는 67kg이다.

그 남자는 바로 나, 김찬걸이다. 나는 1991년 고등학교를 졸업한 후 과음과 과식으로 인해서 2009년까지 19년 동안 80kg 후반대의 몸무게로 살았다. 작은 키에 과다체중이다보니 늘 다이어트를 해야 한다는 강박관념이 있었다. 여러 번 다이어트를 시도해보았지만 번번이 의지력이 부족해 실패로 끝났고, 성공한다 하더라도 요요현상으로 결국 그전 몸매만도 못한 결과를 얻었다.

하지만 2009년 8월말, 우연한 기회로 방송에 출연해 현미밥을 위주로 한 채식을 접하게 되었고 그로 인하여 엄청난 결과를 얻었다. 1개월에 11kg 감량, 4개월에 17kg 감량, 1년 만에 20kg 감량이라는 결과를 얻게 된 것이다. 절대 배고프지 않고 많은 운동량도 필요하지 않은 다이어트는 작은 노력으로 얻은 결과였다.

2010년 가을. 나의 인생은 바뀌었다. 옷가게에 가면 몸에 맞는 옷을 찾아다니던 과거와는 달리 마네킹이 입고 있는 슬림하고 멋진 옷을 고를 수 있는 사람이 되었다. 예전에는 뚱뚱한 몸매라 여성들이 멀리하는 사람이었지만 지금은 여성들이 먼저 말을 걸어오는 사람이 되었다. 여름이면 땀범벅으로 하루에도 속옷을 몇 번이나 갈아입었던 사람이 바쁠 때면 이틀에 속옷 한 장으로 버틸 수 있는 사람이 되었다.

이 모든 것이 우연한 기회에 찾아온 현미채식으로 얻은 결과다. 세상에는 수십 가지의 다이어트 방법이 있다. 하지만 엄청난 노력과 금전적 비용 그리고 건강을 해칠 수 있는 위험을 생각하면 제대로 된 다이어트 방법을 찾기란 쉽지 않다. 그러니 배가 고프지 않고 금전적으로 부담이 없으면서 요요현상이 없는 다이어트라면 어떤가? 날씬해지면서 건강해지는 방법이 있다면 한번 도전해볼 만한 가치가 있다고 생각하지 않는가?

지금 당신의 몸이 비만하다면 가장 중요한 문제는 당신의 식생활 패턴이다. 우리의 몸은 먹는 대로 이루어진다. 조금도 노력하지 않고 날씬해지기를 원한다면 당신은 날씬해질 자격이 없다.

날씬한 몸매는 공짜가 아니다. 치러야 할 대가가 있다.

당신은 날씬한 몸매를 위해 무엇을 할 준비가 되어 있는가?

2010년 11월 김찬걸

Before 2009. 9

몸무게 88.2kg

식습관

아침| 오전 7시. 흰쌀밥에 고깃국. 그리고 반찬 2~3가지.

점심| 오후 12시. 회사 근처 식당에서. 좋아하는 점심 메뉴는 속풀이용 부대찌개, 대구탕, 동태탕, 뼈다귀해장국. 해장에는 고깃국물이 단연 최고.

저녁| 오후 7시 30분. 일주일에 5~6일 외식. 주로 모임이나 회식으로 고깃집이나 횟집에서 반주를 곁들여 식사한다.

퇴근 후 스케줄

일주일에 2~3회 동호회 모임과 회식을 갖는다. 별다른 스케줄이 없는 날은 오후 4시쯤 친구들에게 문자를 돌려 약속 건수를 만든다. 1차는 고기와 함께 가벼운 반주 혹은 회와 해물탕 그리고 반주. 2차는 맥주, 3차는 노래방 코스로 이어진다. 주량은 소주 2병, 양주 1병으로 한번 마시면 살짝 취할 때까지 마신다. 술을 많이 마시고 집에 들어가면 어김없이 느껴지는 공복감에 라면을 먹거나 국이 있으면 밥을 말아 먹고 자게 된다. 가끔은 집에 들어갈 때 편의점에서 맥주와 미니족발을 사다 먹는다.

운동

마라톤 동호회에 가입해 일요일 아침과 수요일 오후, 일주일에 두번 마라톤을 했다. 일요일 아침 6시 30분에 나와서 1~2시간 마라톤 훈련이 끝나고 나면 10시 30분에 아침식사를 했다. 막걸리를 반주 삼아 식사를 마치면 뒤풀이가 2, 3차로 이어져 집에 오면 10시. 수요일 오후의 마라톤 후에는 어김없이 맥주와 치킨으로 뒤풀이. 마라톤으로 체중 감량의 효과는 보지 못했다. 그땐 뭐가 어떻든 운동만 하면 살이 빠지는 줄 알았다.

After 2010. 9

몸무게 67kg

식습관

아침| 오전 7시. 현미밥, 2~3가지 나물반찬. 든든히 먹고 나온다. 아침을 거를 때는 바나나, 사과 등의 과일 1~2개 먹는다.

점심| 오후 12시 30분. 도시락을 먹는다. 아침식사와 메뉴는 비슷하다. 외식을 해야 할 때는 채소가 많이 들어간 비빔밥을 먹는다. 전날 술을 마셨으면 우거지된장국으로 해장한다.

저녁| 오후 7시. 모임에 가기 전 집에 들러 식사를 하고 나온다. 시간이 여의치 않을 때는 현미밥만 도시락에 담아 온다.

퇴근 후 스케줄

저녁 모임의 횟수는 예전과 동일하다. 하지만 저녁 모임에 가기 전 집에 들러 식사를 하고 나오면 배가 불러서 1차 때 식사와 술을 자연히 덜 먹게 된다. 2차부터는 규제가 풀어져 사이다를 마시면서 함께 술자리를 즐긴다. 덕분에 카드값이 1년 전에 비해 1/3이 줄었다. 고기를 안 먹고 술을 덜 먹으니 저녁비를 조금 내라고들 한다.

운동

체중과 혈압을 잴 수 있고 샤워를 할 수 있어서 헬스클럽을 다니기 시작했다. 바쁘다는 이유로 헬스클럽을 들러 필요한 일(체중, 혈압 재기, 샤워)만 하다 6개월 전부터 일주일에 2~3회 규칙적으로 운동을 시작. 최근에는 식스팩을 꿈꾸며 꾸준히 운동하려고 노력 중이다.

살빼기 이력서

성명 김찬걸

기간 1992년 여름. 12일간.

방법 단식.

동기 재수할 때 독서실에서 공부를 하다가 갑자기 살을 빼야겠다는 열망에 휩싸여서 시작.

결과 물을 제외하고 아무것도 먹지 않았다. 단식을 시작하기 전 이틀 동안 식사량을 반으로 줄이면서 워밍업을 했다. 단식에 들어갔을 때는 미지근한 물을 제외하고는 아무것도 입에 대지 않았다. 단식이 끝난 후 하루는 미음, 다음 날은 죽, 그다음 날부터 밥을 먹었다. 단식 후 3일째부터 살이 빠지기 시작, 단식이 끝난 후 12일 만에 10kg 감량.

정보취득 단식으로 살을 뺐다는 친구의 친구 이야기를 건너 들었다.

다이어트 후 식사량을 이전의 2/3로 줄이고 간식을 자제했다. 일주일 정도 조심스러운 생활을 하다 다시 예전의 식사습관으로 돌아가면서 두 달 만에 원래의 몸무게로 돌아왔다.

기간 2000년 10월 초~10월 말. 20일간.

방법 황제다이어트. 고기와 계란을 마음껏 먹는 대신 탄수화물을 먹지 않는 방법. 아침에 등심, 점심 때 등심, 저녁 때 전기구이통닭집에서 소주를 곁들여 마시며 다이어트함(맥주는 탄수화물이 함유된 보리로 만들기 때문에 마실 수 없었음).

동기 졸업을 앞두고 사회인이 될 준비를 할 때라고 느꼈다. 황제다이어트는 술을 마셔도 된다는 이야기를 듣고 귀가 솔깃했다.

결과 다이어트 시작 후 일주일 지나 빠지기 시작, 20일 후 5kg 감량.

정보취득 인터넷 검색. 그 당시 다이어트에 관심이 많아지면서 인터넷 다이어트 카페에 여러 군데 가입.

다이어트 후 다이어트가 끝난 후 쌀밥을 먹기 시작. 한 달 만에 다이어트로 감량한 몸무게의 2배가 늘어나서 놀라고 당황스러웠다. 다이어트 시작 전처럼 밥만 먹었을 뿐인데!

기간 2001년 5월 초~5월 중순. 5일간. 생각날 때마다 종종.

방법 원푸드다이어트(포도다이어트, 계란다이어트).

동기 아침엔 살 빼야지 결심했다가 회식하고 돌아오는 길이면 내일부터 빼야지 하는 상황의 반복. 짧은 기간 쉽게 살을 뺄 수 있는 방법을 고민하기 시작했다. 하루 세끼 모두 포도만 먹는 다이어트와 저녁에는 계란을 먹는 다이어트를 시도했다.

결과 3일 정도 지나면서 맛에 질리기 시작했다. 5일째면 포기하게 되는 일이 반복되었다. 1~2kg의 체중 감량은 있으나 일주일 지나면 원래 몸무게로 돌아왔다.

정보취득　인터넷 정보를 통해 다양한 원푸드 정보 입수.

다이어트 후　한 가지 음식만 계속 먹는 일은 생각보다 아주 지루하고 물림. 다이어트가 끝나면 친구들과 술자리 약속을 잡기 바빴음. 다이어트 이전보다 3kg 정도 더 불어났음.

기간　2005년 7월. 1개월간.

방법　다이어트약 복용.

동기　몸이 무겁다는 생각을 늘 하게 되었다. 여자들이 나에게 도전적인 태도를 보일 때마다 내가 뚱뚱해서 그렇다는 생각을 지우기 어려웠다.

결과　지방 흡수를 억제시키는 약을 식사 후에 복용. 변을 보면 고추기름이 쫙 빠지는 것이 눈에 보였다. 먹었던 지방이 대변으로 나오는 것을 보고 기름진 음식을 덜 먹게 되는 효과도 있었다. 처음에는 끼니때마다 먹다가 2주 후엔 고기 먹을 때만 약을 챙김.

정보취득　인터넷 검색. 병원에서 1만원을 내면 처방전을 준다는 알짜 정보를 입수.

다이어트 후　체중 감량의 효과는 보지 못함.

기간　2009년 9월~2010년 9월 현재.

방법　현미채식.

동기　동호회 모임에서 우연히 어머니와 함께 방송 출연 제의를 받음. 어머님의 건강이 걱정되어 함께 현미채식을 하는 프로그램의 체험자가 되었다. 처음에는 방송 찍는 한 달 동안만 해볼 생각이었다.

결과　주식은 쌀밥 대신 현미로 먹고 반찬은 채식 위주의 반찬. 하루 세끼 현미식을 하기 위해 점심 도시락을 싸다니기 시작했다. 저녁 모임이나 회식 때는 집에 들러 저녁을 챙겨 먹고 나간다. 모임에서 음식을 적게 먹다보니 술의 양이 저절로 줄어 생활이 점점 건강해지는 중. 현미채식을 시작한 지 한 달 만에 10.6kg 감량되었고 4개월 만에 17.3kg 감량하여 15년 전의 몸무게 70kg를 유지하기 시작했다. 그 후 잦은 외식과 과식으로 체중의 정체기에 머물다가 현미채식 9개월 만에 60kg대에 진입했다. 외식을 하더라도 현미채식의 원칙은 어기지 않아 요요현상은 전혀 없었지만 '외식=과식'의 불변의 법칙으로 체중의 정체기는 어쩔 수 없었다.

정보취득　『현미밥 채식』(황성수), 『내 몸 내가 고치는 기적의 밥상』(조엘 펄먼), 『스키니 비치』(킴 바누인, 로리 프리드먼), 채식 동호회(한울벗채식나라, 한국채식연합)

다이어트 후　감량한 몸무게는 그대로 유지하고 있다. 채식 위주의 식생활을 하고 있으며 헬스클럽을 다니기 시작, 앞으로 계속 이 생활습관을 유지할 예정이다.

part 1 김찬걸 살빼기 일기

반찬 중에서 고기 반찬이 제일 좋고 저녁마다 술자리 건수를 찾던 평범한 직장인. 그가 1년 만에
88kg에서 67kg로 체중을 감량하며 현미채식 생활자로 거듭났다. 부담스러웠던 살들이 빠지기 시작해서,
1년 전까지 먹어왔던 혈압약을 끊을 수 있어서, 무엇보다 배부르게 먹으면서 살을 뺄 수 있어서
가능했던 현미채식 1년간의 솔직한 이야기.

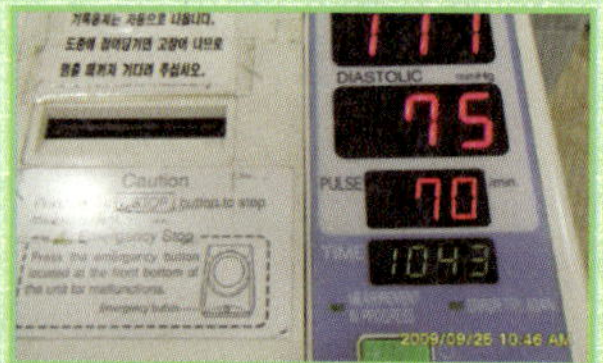

평범한 직장인에서
건강한 식생활자로
3개월 만에 15kg 감량한
12주의 기록

현미를 한 번도 먹어본 적이 없는데 괜찮을까?
고기를 안 먹으면 기력이 없을 텐데…
현미채식은 별나고 독한 사람만 할 수 있다는 생각을 날려주는
12주간의 생생한 살빼기 일기를 공개한다.

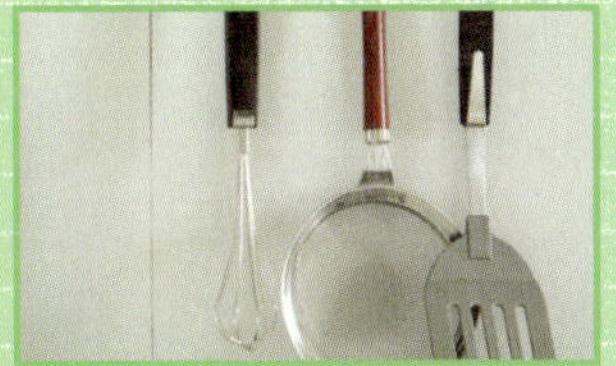

1주 **8.31-9.6**

난생처음 현미밥을 맛보다

혈압 **150/83**
체중 **88.2kg**

고혈압 때문에 시작한 현미채식

운영을 맡고 있는 강동구 친목 동호회의 게시판에 눈에 띄는 글이 있었다. 'MBC 스페셜에서 고혈압 환자들 중 현미밥 채식 프로그램에 동참할 참가자를 모집합니다'.

4년 전부터 혈압약을 복용하고 있던 나로서는 관심이 가는 문구일 수밖에 없었다. 30대 중반부터 혈압약을 먹는다는 것이 남들에게 그리 자랑할 만한 일이 아니었기에 쉽사리 지원하겠다는 글을 올릴 수는 없었다. 하지만 몇 해 전 고혈압으로 큰 수술을 받은 어머니와 함께 해보면 좋지 않을까 하는 생각에 용기를 내었다. 특별한 방법이 아니라 현미밥을 먹고 채식을 하면 건강해진다고 하니 한번 해볼 만하다며 스스로를 다독였다.

현미채식을 시작하기 전에 먼저 프로그램의 자문을 맡은 황성수 박사님의 강의를 들으러 대구의료원으로 갔다. 강의 내용은 현미채식이 우리 몸에 어떠한 변화를 가져오는지에 대한 이야기였다. 고기와 회를 좋아하는 나도 현미밥이 쌀밥보다 좋고 육식보다 채식이 좋다는 사실은 알고 있었다. 물론 좋아하는 육식을 포기할 마음은 전혀 없었지만 말이다. 대부분의 강의는 짐작이 가능한 내용이었지만 일부 내용은 아주 새로웠다. 현미밥을 먹을 때는 100번 이상 꼭꼭 씹어 먹어야 효과가 뛰어나다는 것, 그리고 식사 시간이 길면 포만감이 느껴져 한 공기만 먹어도 배가 부르다는 것,

이 두 가지 사실이 내게는 아주 참신하고 강한 인상으로 남았다. 강의 후 대구 의료원 식당에서 처음으로 현미밥을 먹었다. 입안에서 깔끄러운 느낌이 들기는 했지만 그럭저럭 먹을 만했다. 무언가 톡톡 터지듯 씹는 맛이 있었고 100번 이상 꼭꼭 씹어 먹으려고 노력하다보니 식사 시간은 평소보다 무려 3배는 길었다. 방송을 찍는 한 달만 해볼 생각이었기 때문에 모든 규칙들은 충실히 따르자는 결심을 하는 데도 별 부담이 없었다.

다만 점심식사를 어떻게 해결하느냐가 고민이었다. 하루 세끼 모두 현미식을 먹어야 하는데 아침, 저녁이야 집에서 해결하면 되지만 점심식사는 답이 없었다. 회사 근처에는 현미가 나오는 식당이 없었기 때문에 방법은 도시락뿐이었다. 도시락을 싸다닌 적은 없지만 틈틈이 따놓은 한식조리사자격증은 가지고 있으니 채식 위주의 한식 반찬을 만들면 된다는 요량이었다.

현미채식을 본격적으로 시작하는 처음 하루 이틀은 출근 준비하느라 반찬을 챙길 시간이 없어서 일단 현미밥을 도시락에 담는 것이 전부였다. 점심식사는 동료들과 함께 식당에서 육수가 들어가지 않은 찌개류를 주문해 먹었다. 식당 아줌마는 공깃밥도 안 먹었는데 밥값을 다 받으셨지만 뭐, 별다른 도리는 없었다.

혈압약을 끊다

현미식을 하면 혈압이 떨어진다는 이야기에 현미밥을 먹기 시작한 것과 동시에 혈압약을 끊었다. 혈압이 그리 높지는 않았기 때문에 한 달 정도 혈압약을 안 먹어도 별일 없을 거라고 생각했다. 3일 정도 지나니 현기증이 나는 것 같기도 했고 뒷목이 자주 뻐근해졌다. 그제야 내가 아무런 준비 없이 혈압약을 끊었다는 생각이 들었다. 보통 사람들의 경우에도 처음 현미식을 하면 몸에 미세한 변화들이 발견된다고 한다. 소화가 잘되지 않거나 묽은 변이 나오기도 한다. 이러한 변화들은 몸이 서서히 긍정적으로 변화하기 위한 준비의 과정이라는 것을 나중에 알게 되었다. 하지만 혈압약을 먹는 나는 사정이 달랐다. 몸의 변화들이 혈압, 나아가서는 건강에 영향을 끼칠 수 있기 때문이다. 현미밥을 먹더라도 약을 먹으면서 서서히 끊는 것이 좋다는 것을 한참 후에 알게 되었다. 다행스럽게도 큰 탈 없이 이 시기를 잘 넘기기는 했지만 혹시 약을 복용 중인 경우라면 현미식을 시작할 때 담당 의사와 충분히 상의하고 그 과정을 공유하는 것이 중요하다.

약간 걱정스러운 변화들이 있기는 했지만 일주일도 채 안 되어 현미밥을 먹는 일은 익숙해졌다. 며칠 지나지 않아 도시락에는 현미밥과 함께 채식 반찬이 담겼다. 제일 좋아하는 반찬은 두부조림과 가지나물이었다. 이전에는 심심한 맛이라 여겼던 반찬이었는데 채식을 시작한 뒤로는 고기가 부럽지 않을 정도로 맛이 좋다. 점심을 밥과 반찬이 담긴 완성된 도시락으로 해결하면서 하루 세끼를 챙기는 데 더 이상 곤란할 일은 없었다.

다만 야근을 하는 날 저녁이 문제였다. 8시 넘어까지 사무실에 있는 날이면 배가 고파왔다. 밥을 사먹고 싶지만 현미밥을 먹으려면 집에 갈 때까지 공복감을 참아야 하는 현실. 크게 부담을 갖고 시작한 일은 아니지만 해보는 김에 제대로 하고 싶다는 욕심이 들었기에 늦더라도 저녁은 집에 가서 먹었다. 5일 만에 2kg이 빠져서 고무된 탓인지도 모른다.

드디어 숙변을 보다

체중이 준 데는 몸속의 지방이 빠진 것이 아니라 장 속의 숙변을 본 것이 한몫한 듯하다. 현미밥을 먹은 날부터 변이 무르고 양은 이전보다 2배 정도 많아졌다. 관련 도서를 찾아보니 실제로 현미 속의 섬유질은 대변을 무르게 하는 성질이 있다고 한다. 이것이 배변을 원활하게 하는 핵심이라고 한다. 설명하자면 대변의 성분을 먼저 알아야 한다. 대변은 수분과 고형 성분으로 이루어져 있는데 원칙적으로 대변에 수분이 많으면 변이 무르고 수분이 적으면 딱딱해진다. 그렇다고 물을 많이 마시는 것이 결정적인 도움이 되지는 않는다. 대장의 역할은 수분을 흡수하는 일이므로 우리가 마신 대부분의 물은 대장에서 흡수되어 결국 소변으로 배출되기 때문이다. 대변의 묽기를 결정하는 것은 대변 속에 물을 흡수하여 갖고 있을 수 있는 성분이 얼마나 있느냐 하는 것이다. 물을 먹은 섬유질은 부풀어오르면서 물을 붙잡고 있기 때문에 대변을 무르게 하고 부피를 커지게 한다. 대변의 부피가 일정 정도 커지면 대장은 자극을 받아 대변을 밖으로 내보내려는 연동운동을 시작한다. 이것이 현미식을 시작한 후 무른 변으로 쾌변을 경험하는 일련의 과정이다.

황성수 박사님에게 들은 현미채식 강의 내용

1 현미채식이란 현미밥에 고기, 생선, 계란, 우유가 안 들어간 반찬을 먹는 것. 채소, 과일, 해조류는 먹어도 된다.
2 고기와 생선, 계란, 우유(동물성 지방과 단백질)가 우리 몸에 안 좋은 이유.
3 현미밥과 채식이 우리 몸에 좋은 이유.
4 고혈압, 뇌졸중, 심장병 등 심혈관계 질환의 원인은 동맥경화이며 동맥경화의 원인은 동물성 지방 섭취 때문이다. 따라서 현미채식을 하면 혈액이 깨끗해지고 혈액이 깨끗해지면 혈관이 깨끗해지고 동맥경화로 인해서 생긴 병들이 치료된다.

1주차 식단

월요일   저녁식사 : 현미밥, 된장국, 콩나물무침, 가지무침

화요일   아침식사 : 현미밥, 감잣국, 고추무침, 김치
점심식사 : 현미밥, 야채순두부찌개, 김치, 콩나물무침
저녁식사 : 현미밥, 콩나물국, 아삭이고추, 미역초무침

수요일   아침식사 : 현미밥, 미역국, 고추무침, 김치, 풋고추
점심식사 : 현미밥, 야채순두부찌개, 김치, 가지무침
저녁식사 : 현미밥, 순두부찌개, 고추무침, 콩나물무침

목요일   아침식사 : 현미밥, 고추무침, 콩나물국, 김
점심식사 : 현미밥, 고추무침, 호박전, 깍두기
저녁식사 : 현미밥, 감잣국, 깻잎볶음, 고추무침, 호박전, 깍두기

금요일   아침식사 : 현미밥, 된장찌개, 가지무침, 깍두기, 오이지무침
점심식사 : 현미밥, 가지무침, 깍두기, 오이지무침
저녁식사 : 현미밥, 미역국, 가지무침, 깍두기

토요일   아침식사 : 현미밥, 가지무침, 오이지무침, 깍두기
점심식사 : 현미주먹밥, 바나나
저녁식사 : 현미밥, 파무침, 묵은지, 풋고추

일요일   아침식사 : 현미밥, 순두부찌개, 깻잎볶음, 김
점심식사 : 현미밥, 두부찌개, 버섯구이, 깻잎
저녁식사 : 피곤해서 집에 오자마자 잠이 듦.

배부르게 먹는데도 체중이 줄어들다

💧 혈압 **117/79**
🕐 체중 **84.7kg**

혈압이 떨어지다

현미채식을 시작한 후 처음으로 혈압을 측정했다. 혈압을 측정하려면 병원이나 보건소에 가야 해서 많이 번거로웠다. 혈압측정기를 구입할까 하고 인터넷을 찾아봤더니 괜찮은 기구는 100만원은 줘야 했다. 마침 운동을 할까 하고 알아보았던 집 근처의 헬스장에서 혈압측정기를 발견했다. 보는 순간 혈압을 제대로 자주 측정할 수 있겠다 싶어 큰마음 먹고 헬스장 회원권을 끊었다. 덕분에 규칙적으로 운동을 할 수 있지 않을까 기대하면서.

운동 전에 혈압을 재어보니 119/70이 나왔다. 운동 후에는 115/75였다. 아주 놀라운 결과다. 그동안 혈압약을 먹어도 125 아래로는 내려간 적이 없었기 때문이다. 구연산이나 양파즙 등 혈압에 좋다는 건 많이 먹었지만 혈압이 이만큼이나 안정된 적은 없었다. 쌀밥 대신 현미밥을 먹고 고기 대신 채식을 한 효과가 이토록 빨리 나타날 줄이야. 국소적인 질병치료요법이나 현대의 의료수단, 대증요법(당뇨병에는 인슐린, 고혈압에는 혈압강하제, 피부병에는 스테로이드, 염증에는 소염제를 처방하는 것처럼 병의 근본적인 원인에는 다가설 수 없고 단순히 증상만을 억제하는 방법이다)이 아니라 몸 전체를 양호하게 만드는 영양요법의 효과가 제대로 드러나는 것 같다.

따지고 보면 현미채식을 하기 전 나의 식습관에 문제가 많았기에 짧은 시간에 결과가 확연히 드러난 것 같다. 혈압에 좋다는 약이나 건강식품을 먹더라도 달라지는 점은 하나도 없었다. 저녁에는 늘 2, 3차로 이어지는 술자리 약속이 있었고 그것도 일주일에 5일 이상은 되었다. 점심식사는 전날 마신 술을 해장하는 시간이었다. 하지만 현미채식을 시작하고서부터는 생활에 많은 변화가 생겼다. 단순히 현미밥을 먹고 고기를 먹지 않는 식사 습관을 넘어 술을 적당히 마시는 '바른 생활'을 하게 된 것이다. 그도 그럴 것이 하루 세끼 모두 현미밥을 먹어야 하기 때문에 저녁은 늘 집에서 식사를 해야 했다. 술자리가 있는 날이면 집에 들러 밥을 먹고 나오거나 현미밥 도시락을 싸가지고 나왔다. 보통 술자리는 고깃집이나 횟집에서 시작하는데 그런 곳에서는 내가 싸온 현미밥에다 몇 가지 채소 반찬을 먹었다. 그러고 나면 이미 1차 술자리를 파하고 2차로 이어진다.

10년 전 몸무게를 되찾다

2차 술자리는 1차보다는 규제가 느슨하다. 술을 마시고 싶은 사람은 마시고 아닌 사람은 그저 홀짝이면 된다. 채식 안주는 여간해서 다양하지 않으니 술은 자연히 적당히 마시게 되어 집에 갈 때 거나하게 취하는 일은 드물다. 그래서 다음 날은 가벼운 기분으로 새롭게 시작할 수 있다. 이런 날들이 반복되면서 의도하지 않게 나를 건강한 생활인으로 변하게 만든 것이다. 그 보답은 혈압뿐만 아니라 체중에서도 얻을 수 있었다.

혈압이 떨어지는 것과 함께 체중이 85kg로 줄어든 것이다. 조금씩 빠지는 체중을 보면서 큰 즐거움을 느꼈다. 10년 넘게 85kg 이하로는 절대로 안 빠졌던 몸무게가 85kg 이하로 진입하다니, 그저 놀라울 따름이다. 그동안 달덩이 같은 얼굴 때문에 짧은 머리를 하지 않았는데 과감하게 머리를 짧게 잘랐다. 다음 날 아침 보건소에 가서 혈압 측정하는 장면을 촬영할 예정이라 짧은 머리가 날

렵한 분위기를 내지 않을까 기대했다. 처음에는 그저 혈압약을 안 먹는 것만으로 좋겠다 싶었는데 덩달아 체중이 줄어드니 체중 감량 또한 나의 목표가 된 것이다.

고기 생각이 간절한 날

인생이 늘 그렇듯 마냥 즐겁기만 했다면 거짓말일 것이다. 업무가 많이 바쁠 때는 잘 모르다가 막상 큰 프로젝트가 끝나고 나니 심한 피로감이 몰려왔다. 그간의 스트레스와 피로를 잊고자 친구들의 술자리에 잠깐 들른 날, 아주 잠깐 채식을 그만두고 싶다는 생각을 했다. 그날의 메뉴는 낙지해물찜. 살아 움직이는 낙지가 너무나 먹음직스러웠다. 침이 꼴깍, 저절로 넘어갔다. 친구들이 권하는 소주 한잔을 거절하기가 여간 어렵지 않았다. 가만히 앉아 있다간 젓가락을 들고 말 것 같아 1시간 만에 자리에서 일어났다.

집에서 저녁을 먹는데, 그간 좋아라 즐겨 먹던 가지무침과 두부조림이 슬슬 싫증나기 시작했다. 메뉴를 바꾸어야 한다는 생각이 들었다. 고기를 씹는 느낌이랄까, 그런 게 그리운 것 같기도 했다.

채식 동호회 게시판에서 보았던 밀고기가 생각났다. 밀고기란 밀가루의 단백질을 뽑아놓은 글루텐을 반죽해서 만든 식재료이다. 콩으로 만든 콩단백은 콩고기라고 하는데, 밀단백이나 콩단백 모두 가루를 사다 직접 반죽을 해서 만들 수 있지만 처음에는 반죽을 한 상태의 콩고기나 밀고기를 먹는 것이 더 좋다. 가루를 사다 레시피대로 반죽을 해보았지만 맛과 씹는 질감이 생각한 것과 많이 달랐다. 인터넷에 많은 레시피들이 떠돌고 있지만 막상 만들어보면 기대한 맛과 질감을 내기 어렵다는 것이 나의 결론이다. 일단 반죽된 상태의 밀고기를 먹어보며 맛과 질감을 익힌 후 몇 번의 경험을 통해 제대로 된 반죽을 완성하는 것이 좋을 것 같았다. 고기맛과 똑같다고 말하기는 어렵지만 고기를 아주 닮은 맛이라면 정확한 표현일지 모르겠다. 가끔은 별미처럼 콩고기로 요리를 하는 날도 있었다.

2주차 식단

월요일
아침식사 : 현미밥, 미역국, 시금치무침, 김치
점심식사 : 현미주먹밥, 돌김, 샐러드, 아몬드
저녁식사 : 현미밥, 카레, 깍두기

화요일
아침식사 : 현미밥, 된장국, 가지무침, 버섯조림
점심식사 : 현미밥, 가지무침, 깻잎볶음, 샐러드
저녁식사 : 현미밥, 된장국, 가지무침, 열무김치

수요일
아침식사 : 현미밥, 된장국, 가지무침, 두부조림, 깻잎무침, 열무김치
점심식사 : 현미밥, 가지무침, 두부조림, 깻잎무침, 열무김치
저녁식사 : 현미밥, 된장국, 가지무침, 열무김치

목요일
아침식사 : 현미밥, 된장국, 가지무침, 두부조림
점심식사 : 현미밥, 가지무침, 두부조림, 열무김치
저녁식사 : 현미밥, 두부두루치기, 호박찜

금요일
아침식사 : 현미밥, 된장찌개, 오이소박이
점심식사 : 현미밥, 콩나물무침, 호박볶음, 열무김치
저녁식사 : 현미밥, 콩나물국, 김치, 가지무침

토요일
아침식사 : 현미밥, 된장찌개, 땅콩조림, 김
점심식사 : 현미밥, 된장찌개, 깻잎볶음
저녁식사 : 현미밥, 새송이버섯두루치기, 상추, 깻잎

일요일
아침 겸 점심 식사 : 현미밥, 새송이버섯탕
저녁식사 : 현미밥, 된장찌개, 호박조림, 김치

3주 9.14-9.20

단맛의 유혹은 과일로 이겨내다

무가당 주스의 함정

담백한 음식에 어느 정도 익숙해졌다고 생각했는데 부쩍 단 음식 생각이 많이 났다. 그럴 때는 대봉을 사서 먹었다. 달고 육질이 단단해 홍시 중에서도 으뜸으로 꼽히는 대봉은 예전부터 내가 아주 좋아하던 과일이다. 단맛에 비하면 칼로리가 높지 않고 섬유질이 풍부해 출출할 때 하나 먹으면 속이 꽤나 든든했다. 바나나도 좋은 간식거리였다. 콜라나 사이다 대신 비타민이 풍부한 과일 주스를 마시게 된 것도 내게는 변화라면 큰 변화였다. 하지만 얼마 지나지 않아 무가당 주스에 칼로리의 함정이 있다는 것을 알게 되었다. 일단 꿀이나 설탕을 넣지 않은, 집에서 만든 생과일 주스를 생각해보아도 그렇다. 한 잔의 주스를 만들기 위해서는 큰 오렌지가 두 개 정도는 필요하다. 오렌지의 알맹이에서 과즙을 추출하기 때문에 주스 한 잔을 마시는 것은 짧은 시간 동안 오렌지 2개에 담긴 당을 섭취하게 되는 셈이다. 오렌지 2개를 순수하게 먹을 경우에는 오렌지의 섬유질을 함께 섭취하게 되지만 주스는 과즙을 마시는 것뿐이다. 또한 까서 먹는 과정을 생각하면 같은 양의 과일을 먹는 시간은 과일을 직접 먹는 것이 주스에 비해 오래 걸린다.

그렇다면 시중에서 판매하는 무가당 주스는 어떨까? 무가당이라 당이 없다는 뜻일까? 그렇지 않다. 무가당이란 주스 안에 당이 없다는 뜻이 아니라 그 속에 인공으로 제조된 설탕이나 액상과당,

정백당 등을 첨가하지 않았다는 것을 말한다. 무가당 오렌지 주스의 경우 별도의 당분은 첨가되지 않았지만 오렌지 자체의 과당은 들어 있으니 당분이 없다고 무한정 마신다면 필요 이상의 칼로리를 섭취하는 격이 된다.

　시판하는 음료 중에는 생수를 제외하고는 대부분 단맛을 내기 위한 당분이 들어 있는데 이 감미료 중에 단맛은 내지만 소화흡수가 되지 않아 '칼로리가 없다'라고 표현하는 감미료가 있다. 음료의 성분 표시에서 이를 확인할 수 있다. 사카린saccharin, 아세설팜acesulfame-K, 아스파탐aspartame 등은 칼로리가 없는 감미료이며 과당fructose, 만니톨mannitol, 소르비톨sorbitol, 설탕, 꿀, 정백당, 액상과당은 칼로리가 있는 감미료로 분류된다.

70kg대를 바라보다

식사는 현미밥으로 배부르게 먹고 주스 대신 과일로 군것질을 하니까 다이어트를 하고 있다는 생각은 크게 들지 않았다. 그렇지만 체중은 그 어떤 다이어트를 시도했을 때보다 눈에 띄게 변화하고 있었다. 점점 줄어들던 체중은 82kg까지 내려왔다. 2002년 이후 85kg 아래로 내려가본 적이 없던 체중이 이제는 70kg대를 바라보고 있다니 놀라울 따름이다. 현미채식을 시작한 지 겨우 20일에 불과하지만 살이 빠지면서 몸이 가벼워짐을 느낀다. 무엇보다 혈압이 안정권에 들어간 후로는 심리적인 편안함을 느낀다. 나와 함께 현미채식을 시작하셨던 어머니의 혈압은 110/75라고 하신다. 어머니도 현미채식으로 혈압이 안정되는 효과를 보고 있으니 꾸준히 하다보면 어머니 역시 혈압약을 줄일 수 있지 않을까 하는 기대를 하게 된다.

3주차 식단

월요일
아침식사 : 현미밥, 미역국, 두부조림, 시금치무침, 김
점심식사 : 현미밥, 콩나물냉국, 카레, 깍두기
저녁식사 : 현미밥, 된장국, 무생채, 연근조림, 열무김치

화요일
아침식사 : 현미밥, 된장국, 도라지무침, 도토리묵, 김
점심식사 : 현미밥, 두부조림, 가지무침, 콩나물무침
저녁식사 : 현미밥, 야채보양탕, 묵은지지짐, 무청무침

수요일
아침식사 : 현미밥, 묵은지된장지짐, 두부조림, 무생채
점심식사 : 현미밥, 두부조림, 땅콩조림, 샐러드

목요일
아침식사 : 현미밥, 된장찌개, 가지나물, 무나물
점심식사 : 현미밥, 아몬드, 호두
저녁식사 : 현미밥, 미역국, 시금치무침, 열무김치

금요일
아침식사 : 현미밥, 묵은지된장지짐
점심식사 : 현미주먹밥, 김, 아몬드, 호두
저녁식사 : 현미밥, 미역국, 두부조림, 사과

토요일
아침 겸 점심 식사 : 현미밥, 두부찌개, 콩나물무침, 파프리카, 오이지무침
저녁식사 : 현미밥, 두부찌개, 감자볶음, 버섯두루치기, 김

일요일
아침식사 : 현미밥, 두부조림, 열무김치, 도토리묵, 무생채
점심식사 : 아몬드, 사과, 토마토, 자두
저녁식사 : 현미밥, 미역국, 오이지무침, 도토리묵, 열무김치

4주 9.21-9.27

채식 반찬이 지겨워지기 시작하다

혈압 110/80
체중 82.2kg

정체기가 오다

처음에는 눈에 띄게 줄어들던 체중이 4주가 되면서 정체기인 듯했다. 설마 여기서 멈추는 건 아닌지, 몸무게가 더 올라가는 건 아닌지 염려되기 시작했다. 애초부터 살을 빼려는 목적은 아니었는데도 몸무게 수치가 나를 긴장시키고 있다. 초심으로 돌아가서 부담을 덜고 하루 세끼 현미채식으로 든든하게 먹고 건강하게 생활하자고 마음을 다독였다.

좋은 생각을 하기 위해 체중이 줄면서 몸에 일어나는 작은 변화들을 노트에 써보기 시작했다. 무엇보다 피부가 엄청나게 좋아졌다. 주변 사람들의 지나가는 말이려니 생각했는데 요즘은 거울을 보면 스스로 느낀다. 배변이 좋아지니까 몸 안에 독소가 빠져나갔기 때문이 아닌지 생각한다. 다른 한 가지는 아주 단단하게 꽉 찼던 살들이 물렁해졌다는 점이다. 나의 어깨와 엉덩이는 아주 단단한 편이었다. 그래서 내 어깨를 만져본 어르신들은 '정말 대단한 근육'이라고 말씀하셨다.

그런데 체중이 줄면서 살들이 물렁해진 것을 보면 그것은 근육이 아니었다는 결론이다. 지방의 밀도가 매우 높아 단단했던 것이 아닐까. 헬스장 코치에게 물어보았더니 몸의 지방이 뭉쳐서 근육처럼 단단했던 것이라고 한다. 헬스장에 오는 사람들 중에서 나 같은 경우를 많이 보았다고 했다. 헬스장에 오는 많은 사람들이 살을 빼기 위해 유산소운동만 하고 가는데 그들 대부분은 살이 빠지기는 해도 살이 물렁하고 탄력이 없어져 그다지 건강해 보이지 않는다고 한다. 그래서 적당한 근육운동을 함께하는 것이 좋다고 말했다. 그 말을 듣고 나도 헬스장에 가서 혈압만 재고 올 것이 아니라 근육운동을 꾸준히 해야겠다는 생각이 들었다.

생각을 바꾸니 채식이 쉬워지네

이번 주는 유난히 저녁 약속이 많았다. 매번 집에 들어가 식사를 하고 나올 수 없으니 그간 경험으로 쌓은 방법들로 나만의 현미채식을 계속해야 했다. 하루는 후배들과 함께 쌈밥집에 갔다. 채소가 풍성해서 먹을까 했지만 밥은 현미밥이 아니니까 나는 따로 식사를 주문하지 않았다. 한 달 동안은 무조건 현미밥을 먹자고 다짐해서인지 밥 먹는 것을 보는 일이 그리 어렵지는 않았다. 상 위에 올라온 채소 반찬을 먹으며 그들의 저녁식사를 거들었다.

식사 후에는 집 근처 빈대떡 전문점에 갔다. 주문할 때 고기와 계란을 빼고 해달라고 했더니 빈대떡에는 원래 고기가 안 들어간다고 했다. 주인아저씨가 왜 고기를 빼달라고 했냐고 물으시길래 나는 채식을 하는 중이고 고기, 생선, 계란, 우유를 안 먹는다고 했더니 그러면 다른 메뉴도 그것을 넣지 않고 해줄 수 있다고 하셨다. 메뉴 중에 버섯매운탕을 시켜보았는데 정말 버섯과 채소로만 국물을 낸 버섯매운탕으로 그 맛이 정말 훌륭했다. 오랜만에 맛보는 칼칼한 버섯탕 맛이 일품이었다.

하루는 이런 일도 있었다. 아침에 늦게 일어나서 반찬을 챙기지 못하고 밥만 챙겨나온 날이었다. 점심때 직원들과 함께 식당에 갔는데 옆 테이블 사람들이 돌솥밥을 먹고 있었다. 너무 맛있게 먹는 모습에 나도 갑자기 돌솥밥이 먹고 싶어졌다. 그래서 현미밥을 주면서 돌솥밥을 주문했더니 김이 모락모락 나는 현미

돌솥비빔밥이 나왔다. 돌솥 바닥에는 살짝 누룽지까지 있었다. 처음 먹는 현미 돌솥밥은 아주 맛있었다. 조금만 생각을 바꾸면 얼마든지 채식을 할 수 있는 새로운 방법이 있다는 것을 알게 해준 경험이었다.

4주차 식단

월요일   아침식사 : 사과, 바나나, 호두
점심식사 : 현미주먹밥, 아몬드, 호두, 김
저녁식사 : 현미밥, 된장찌개, 두부조림, 풋고추, 고구마순조림

화요일   아침식사 : 현미밥, 두부조림, 양배추쌈과 된장
점심식사 : 현미밥, 두부조림, 버섯조림, 깍두기
저녁식사 : 현미밥, 두부조림, 도토리묵무침, 열무김치, 고추무침

수요일   아침식사 : 현미밥, 두부조림, 열무김치
점심식사 : 현미밥, 두부조림, 오이지무침
저녁식사 : 현미밥, 된장국, 열무김치, 고구마순볶음

목요일   아침식사 : 현미밥, 감잣국, 호박조림, 열무김치
점심식사 : 현미밥, 버섯볶음, 미역초무침, 김
저녁식사 : 현미밥, 청국장찌개, 호박조림, 도토리묵무침, 풋고추

금요일   아침식사 : 현미밥, 두부찌개, 열무김치, 고추무침, 묵은지지짐
점심 겸 저녁 식사 : 현미밥, 열무김치, 김, 고추무침, 감자조림

토요일   아침식사 : 현미밥, 두부된장찌개, 부추무침, 고추찜
점심식사 : 현미밥, 김, 열무김치, 두부조림
저녁식사 : 현미밥, 두부조림, 깍두기, 부추무침

일요일   아침식사 : 현미밥, 콩나물국, 깍두기, 고추무침
점심식사 : 현미밥, 콩나물국, 배추김치, 고추무침, 풋고추
저녁식사 : 현미밥, 된장국, 배추김치, 고추무침

한 달 만에 10kg이 빠지다

혈압 **109/77**

체중 **79.6kg**

꿈의 70kg대로 진입하다

몸무게가 드디어 70kg대에 진입했다. 꿈인지, 현실인지! 비웃는 사람이 있을지 모르지만 2002년에 8개월간 열심히 마라톤을 했어도 85kg 아래로는 내려간 적이 없었다. 그런데 배고프지도 않고 79kg대로 감량이 되다니 놀랍고도 놀라웠다.

혈액측정 결과가 나왔는데 결과 역시 일반적인 정상 범위였다. 총 콜레스테롤 171mg/d, 중성지방 123mg/d으로 황성수 박사님이 제시하신 기준에는 조금 못 미치지만 꾸준히 현미채식을 하다보면 총 콜레스테롤 130mg/d, 중성지방 70mg/d에 도달할 수 있으리라 기대한다. 사실 나도 고혈압 진단을 받기 전까지는 중성지방과 콜레스테롤 수치에 대해 아는 바가 없었다. 기본적인 건강검진을 할 때 들어본 적은 있지만 나와는 무관한 일이라고 생각했기 때문이다. 하지만 이 수치들로 자신의 건강 상태를 체크할 수 있으니 알아두는 것이 좋을 것 같다.

우리 몸은 체중의 약 10%가 지방으로 구성되어 있으며 지방의 일부라 할 수 있는 중성지방과 콜레스테롤은 혈액 속에 포함되어 몸속에서 중요한 작용을 한다. 이러한 혈액의 지방은 세포의 기능을 유지하고 에너지 대사에 참여하는 중요한 성분이다. 하지만 혈액 속에 콜레스테롤과 중성지방이 과다하게 많으면 동맥경화증 등을 유발하여 심각한 성인병을 일으키게 된다. 일반적으로 총 콜레스테롤 수치가 220mg/d, 중성지방 수치가 150mg/d 이상인 경우를 고지혈증이라고 한다. 쉽게 말하면 혈액 속에 지방의 함유량이 많은 비만 혈액인데 외형상 비만인 경우 고지혈증인 경우가 많다. 하지만 대부분의 고지혈증은 별다른 증상이 없기 때문에 정기적인 검진으로 자신의 건강 상태를 체크하는 것이 최선의 방법이 아닐까 한다.

추석상은 화려한데 먹을 게 없구나

어느 정도 체중과 혈압이 안정권에 접어들면서 나의 식습관도 자리를 잡아갔다. 그러던 중 난관에 봉착했다. 추석이 돌아온 것이다. 명절이라고 해서 특별히 달라지는 게 없으리라 생각했는데 채식을 시작하고 나니 명절 음식 중에 내가 먹을 만한 게 통 없었다. 잡채에 고기만 들어가지 않았어도 먹을 수 있는 건데 고기가 들어가서 패스. 부침개를 먹으려고 집어드니 그 속에 돼지고기가 들어 있어 다시 또 패스. 어머니 역시 나와 함께 채식을 하셔야 함에도 불구하고 나와 당신을 위한 음식은 생각도 안 하신 것 같았다. 결국 내가 우겨서 만든 두부부침 6조각, 그것이 내가 먹을 수 있는 명절 음식의 전부였다. 며칠 전 먹다 남은 현미밥과 급조한 된장국으로 명절의 식사를 대신했다. 저녁에는 그나마 현미밥도 남아 있지 않았다. 현미밥을 지으려 했지만 밥통에는 손님들을 위해 만들었던 흰밥이 가득했다. 내 의지로 굶는 것과 먹을 것이 없어서 굶는 것은 180도 달랐다. 그간의 현미채식은 일상적인 생활에서는 진수성찬이었지만 '추석특집 가족식사'는 채식하는 나를 배려하는 마음 없는 텅 빈 밥상 같은 것이었다.

올 추석은 가족들도 나도 경험이 없어 미처 준비하지 못했지만 돌아오는 명절에는 달라질 수 있으리라 기대한다. 만두나 빈대떡, 잡채에 고기를 넣지 않고 만들면 될 테니까. 고기를 넣지 않는다고 해서 맛없는 요리가 되는 것은 아니다. 고기 대신 제철 버섯을 풍부하게 썰어 넣고 아몬드나 땅콩 같은 견과류를 갈아서 넣으면 음식의 맛이 크게 뒤지지 않는다는 건 평소 먹는 요리를 통해 가족들 모두 인정한 바이니까.

5주차 식단

월요일　아침식사 : 현미밥, 미역국, 감자볶음, 두부부침
　　　　점심식사 : 현미밥, 감자볶음, 두부부침, 돌김
　　　　저녁식사 : 현미밥, 감잣국, 감자볶음, 두부부침, 총각김치

화요일　아침식사 : 현미밥, 청국장찌개, 고춧잎볶음, 오이지무침, 얼갈이배추김치, 돌김
　　　　점심식사 : 현미밥, 오이지무침, 얼갈이배추김치, 고춧잎볶음, 부추전
　　　　저녁식사 : 현미밥, 청국장찌개, 고춧잎볶음, 오이지무침, 얼갈이배추김치, 상추

수요일　아침식사 : 현미밥, 콩나물국, 오이지무침, 얼갈이배추김치, 돌김
　　　　점심식사 : 현미밥, 오이지무침, 얼갈이배추김치, 고춧잎볶음, 풋고추와 된장
　　　　저녁식사 : 현미밥, 콩나물국, 오이지무침, 얼갈이배추김치, 돌김

목요일　아침식사 : 현미밥, 미역국, 김, 무김치
　　　　점심식사 : 현미밥, 오이지무침, 호박볶음, 열무물김치
　　　　저녁식사 : 현미밥, 김치, 미역국, 돌김

금요일　아침식사 : 현미밥, 감자된장국, 감자볶음, 아몬드
　　　　점심식사 : 현미밥, 감자볶음, 열무김치, 돌김과 양념장
　　　　저녁식사 : 현미밥, 콩나물냉국, 감자볶음, 오이지무침

토요일　아침식사 : 현미밥, 된장국, 열무겉절이무침, 감자볶음
　　　　점심식사 : 현미밥, 열무겉절이무침, 돌김과 양념장
　　　　저녁식사 : 현미밥, 된장국, 감자볶음, 오이무침, 다시마튀김

일요일　아침식사 : 현미밥, 된장국, 무장아찌볶음, 감자볶음
　　　　점심식사 : 현미밥, 무장아찌볶음, 감자볶음, 돌김
　　　　저녁식사 : 현미밥, 된장국, 감자볶음, 무조림

6주 **10.5-10.11**

꼭 운동을 해야 하는 건 아니다

혈압 **108/77**

체중 **77.4kg**

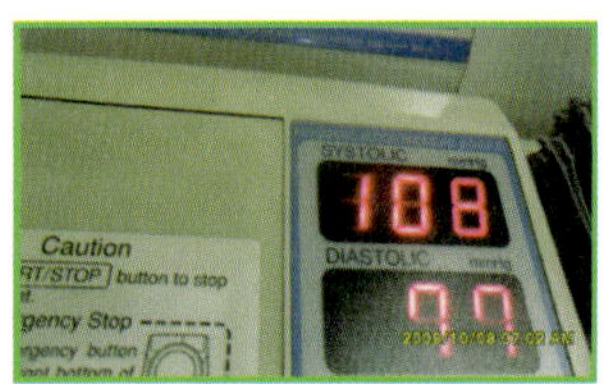

운동 강박증에서 벗어나다

운동을 꾸준히 하겠다고 결심했지만 생각만큼 되지 않는다. 이번 주 내내 운동은 하지 못하고 헬스클럽에 가서 거의 사우나만 하고 오는 수준이다. 운동을 하지 않아도 체중이 줄고 있기 때문에 운동을 해서 살을 빼야겠다는 스트레스가 없는 것은 사실이다. 그렇다고는 해도 조금 더 단단하고 건강한 몸을 만들기 위해 헬스클럽 회원권을 끊었으니 다시 의지를 다독여야겠다.

예전에 마라톤을 열심히 하던 때가 있었다. 2002년 4월 마라톤에 도전했던 그 당시 체중이 87kg이었다. 마라톤 동호회에 가입해 6개월 동안 꾸준히 훈련하고 준비하여 춘천마라톤 풀코스를 완주했다. 하지만 그때도 나는 85kg였다. 풀코스 완주를 위해 피나는 훈련을 했음에도 불구하고 겨우 2kg 빠졌던 것이다. 그때 나는 운동으로 살을 빼는 것은 어려운 일이라고 단정을 지었다.

지금 와서 돌이켜보면 내가 좀더 큰 그림을 보지 못했기 때문인 것 같다. 마라톤 할 때 피나는 훈련을 했다는 것의 의미는 그저 열심히 뛰었다는 것이다. 사실 그것뿐이었다. 일요일 아침이면 빈 속에 2시간 정도 달린 후 동호회 회원들이 준비해온 음식으로 아침을 먹었다. 마라톤 할 때는 힘을 내야 한다고 고기를 많이 먹었던 것이다. 식사를 한 후 다시 달리기를 하고 나면 오후부터는 으레 2차, 3차로 술자리가 이어졌다.

그때는 이렇게 열심히 달리는데 왜 살이 빠지지 않을까 생각했다. 그저 달리기가 살 빼는 데 효과가 없다고 생각했을 뿐이다. 이제 와서야 식습관을 바꾸지 않고 살을 뺀다는 것은 불가능하다는 것을 안다. 먹는 것이 달라지지 않은 채 운동으로 살을 빼려면 운동선수처럼 전문적으로 운동을 해야 하는데 직장인이 그렇게 하기는 쉽지 않으니까 말이다. 그래서 헬스클럽에 자주 가지 못하는 지금도 살을 빼겠다는 생각보다는 몸을 단련하고 다듬는다는 생각이 훨씬 크다. 몸짱 연예인의 멋진 근육은 나 같은 평범한 직장인에게는 어떤 환상과 같은 것이니까 말이다. 중요한 것은 몸이 가벼워지고 몸속이 건강해지는 것 아닐까.

후배에게 전수한 다이어트 비결

연락이 없던 여자후배에게 오랜만에 연락이 왔다. 오랜만의 연락이라서 혹시 결혼하냐고 물어봤더니 아니나 다를까, 두 달 후에 결혼을 한다고 한다. 이런! 한 달 후 찍을 웨딩 사진 때문에라도 다이어트를 해야 한다며 나의 도움이 꼭 필요하단다. A4용지 한 장에 간략하게 설명을 해주었다.

1 하루 세끼 현미밥을 먹는다. 현미밥은 100번 이상 꼭꼭 씹어 먹어야 효과가 있다.
2 반찬은 채식 위주로 하고 고기와 생선, 계란, 우유를 먹지 않는다. 외식을 할 때의 메뉴는 버섯과 나물 반찬, 된장찌개 같은 시골 밥상을 찾아 먹는다.
3 배가 고플 때 참는 것은 좋지 않다. 공복감과 싸운다고 해서 살이 빠지는 것은 아니다. 밥을 먹을 때는 모자라지 않게 충분히 먹고 식사 시간이 아닌데 배가 고플 때는 과일을 먹는 것이 좋다.
4 간식은 오래 먹을 수 있는 것이 좋다. 견과류나 김, 다시마 등은 오래 씹을 수 있어 먹는 양이 적고 칼로리가 높지 않다.

6주차 식단

월요일 아침식사 : 현미밥, 두부찌개, 연근조림, 오이무침, 깍두기
점심식사 : 현미밥, 연근조림, 콩나물무침, 풋고추, 열무김치
저녁식사 : 현미밥, 두부전골, 버섯볶음, 청포묵무침, 고구마순조림

화요일 아침식사 : 현미밥, 된장찌개, 두부샐러드, 가지무침, 김
점심식사 : 현미밥, 부추곤약무침, 호박전, 김, 열무김치
저녁식사 : 현미밥, 청국장찌개, 새송이버섯두루치기, 깍두기

수요일 아침식사 : 현미밥, 미역국, 두부조림, 연근조림, 오이지무침
점심식사 : 현미주먹밥, 두부샐러드, 아몬드
저녁식사 : 현미밥, 된장국, 두부조림, 고구마순조림, 김

목요일 아침식사 : 현미밥, 콩나물무침, 버섯조림, 청포묵무침
점심식사 : 현미밥, 두부조림, 가지나물, 콩나물, 열무김치
저녁식사 : 현미밥, 감잣국, 두부조림, 콩나물무침, 열무김치

금요일 아침식사 : 현미밥, 콩나물무침, 버섯조림, 오이지무침
점심식사 : 현미밥, 두부조림, 가지나물, 무생채, 김
저녁식사 : 현미밥, 묵은지된장지짐, 깻잎나물, 콩나물무침, 열무김치

토요일 아침식사 : 현미밥, 콩나물국, 연근조림, 오이샐러드
점심식사 : 현미밥, 현미떡볶이, 샐러드, 아몬드
저녁식사 : 현미밥, 야채보양탕, 열무겉절이무침, 감자볶음, 시금치무침

일요일 아침식사 : 현미밥, 콩나물국, 가지무침, 도토리묵무침, 김
점심식사 : 현미밥, 잡채, 샐러드, 무생채, 열무김치, 깍두기
저녁식사 : 현미밥, 두부찌개, 고추무침, 가지무침, 깻잎볶음

7주 10.12-10.18 술을 끊지 않아도 살은 빠진다

혈압 **117/75**

체중 **77.6kg**

술을 적으로 만들지 않는 법

현미채식을 시작한 지 40일이 넘었다. 식사의 양은 처음과 같다. 밥 한 공기 정도에 과일은 간식으로 많이 먹는데 처음과 달리 채식이 점점 더 맛있어지고 있다. 혀가 육식의 감칠맛에서 벗어나서 담백한 맛에 예민해지고 있는 과정인 것 같다. 그리고 그간 양이 많이 줄어서 한 공기만 먹어도 포만감이 크게 느껴지는 것은 규칙적으로 식사를 한 덕분이 아닐까.

육식은 그다지 당기지 않는데 다만 술이 좀 당기는 것이 문제다. 동네 고깃집을 지날 때 풍기는 고기 굽는 냄새는 고기가 아닌 술 생각을 하게 한다. 일단 참을 수 있을 때까지는 참아보자며 하루하루 달래는 중이었다. 생각해보면 나의 살들은 모두 술에서 온 것이니 현미채식을 하면서 술을 거의 마시지 않은 것이 체중 감량의 일등공신이라면 일등공신이다. 30~40대 직장인들의 뱃살은 술살이라고들 하지 않는가. 과연 그럴까 하는 생각에 인터넷을 찾아보았더니 술에도 칼로리는 있다고 한다. 그러나 술의 칼로리는 탄수화물이나 지방처럼 몸속에 저장되거나 지방으로 전환되지는 않는다고 한다. 술살의 주범은 술이 아니라 함께 먹는 안주에 있었던 것이다. 알코올이 체내에 흡수되면서 지방 대사에 관여하게 되는데 술과 함께 먹는 음식들이 복부 지방으로 전환하는 데 중요한 역할을 한다. 즉 술은 자신의 칼로리가 아니라 함께 먹는 안주의 칼로리를 지방으로 전환하기 때문에 식사와 술을 곁들이는 회식자리가 잦은 직장인들의 뱃살은 날로 늘어가는 것이다.

그렇다면 뱃살을 만들지 않기 위해 안주는 먹지 않고 술만 마실 것인가? 그럴 경우 술을 많이 마시게 되거나 빨리 취하게 된다. 안 마실 수 없어 마시는 게 술이라면 칼로리가 높지 않은 채소, 두부를 곁들여 적당히 마시는 게 최선의 방법이다.

이러한 몇 가지 조사를 마친 다음 날 매일매일 나를 유혹하던 위스키병에 손을 대고 말았다. 안주는 오이 몇 조각과 두부였다. 하지만 다음 날 아침, 후유증은 장난이 아니었다. 머리는 부서질 것 같았고 속은 아주 메스꺼웠다. 안주를 부실하게 먹는 술이니만큼 앞으로는 와인 한 잔 정도 가볍게 홀짝이는 게 좋겠다는 결심을 하게 되었다.

산해진미를 원 없이 먹다

이번 주에는 아버지 생신이 있어 가족 모두 외식을 하러 나갔다. 저녁식사를 하러 가기는 해야 하는데 현미채식을 하는 어머니와 나 때문에 메뉴를 정하기가 참 난처했다. 고심 끝에 구의동의 채식뷔페에 가기로 했다. 아차산역 1번 출구에 있는 러빙헛채식뷔페에 6시쯤 도착했다. 여러 가지 채식요리가 아주 다양했다. 콩고기는 고기맛과 크게 다르지 않고 정말 맛있었다. 만두, 짬뽕, 자장면, 누룽지탕, 각종 구이, 샐러드, 무침까지 40일 만에 먹어보는 진수성찬에 맛 또한 아주 훌륭해서 열한 접시 정도 먹은 것 같다. 채식을 하지 않는 다른 가족들도 모두 아주 만족해했다. 다만 고백할 것이 한 가지 있다. 채식뷔페 첫 경험을 너무 과하게 한 탓인지, 그날 밤 배가 아주 불러 잠자리에 들기가 어려웠다는 것. 아무리 채식이라도 과하게 먹는 것은 좋지 않다는 것이 그날의 교훈이다.

7주차 식단

월요일
아침식사 : 현미밥, 두부찌개, 두부조림, 김치
점심식사 : 현미밥, 두부조림, 김치
저녁식사 : 현미밥, 두부된장국, 시금치무침, 청포묵무침, 김치

화요일
아침식사 : 현미밥, 묵은지된장지짐, 얼갈이배추김치, 돌김
점심식사 : 현미밥, 오이지무침, 얼갈이배추김치, 돌김
저녁식사 : 현미밥, 미역국, 고춧잎볶음, 오이지무침, 돌김

수요일
아침식사 : 현미밥, 콩나물국, 무생채, 김
점심식사 : 현미밥, 오이지무침, 깻잎볶음, 풋고추와 된장
저녁식사 : 현미밥, 콩나물국, 오이지무침, 상추, 깻잎

목요일
아침식사 : 현미밥, 두부찌개, 고구마순조림
점심식사 : 현미밥, 아삭이고추, 열무물김치
저녁식사 : 현미밥, 감잣국, 김치, 돌김

금요일
아침식사 : 현미밥, 콩나물국, 감자볶음, 아몬드
점심식사 : 현미밥, 감자볶음, 열무김치, 돌김과 양념장
저녁식사 : 현미밥, 청국장찌개, 호박볶음, 오이지무침

토요일
아침식사 : 현미밥, 열무겉절이무침, 감자볶음, 시금치무침
점심식사 : 현미주먹밥, 샐러드
저녁식사 : 현미밥, 된장국, 시금치무침, 감자볶음, 다시마튀김

일요일
아침식사 : 현미밥, 버섯볶음, 열무겉절이무침
점심식사 : 현미밥, 잡채, 청포묵김무침, 김
저녁식사 : 현미밥, 된장국, 시금치무침, 무조림

8주 10.19-10.25 오래 걸어도 다리가 아프지 않다

혈압 **110/81**

체중 **76.5kg**

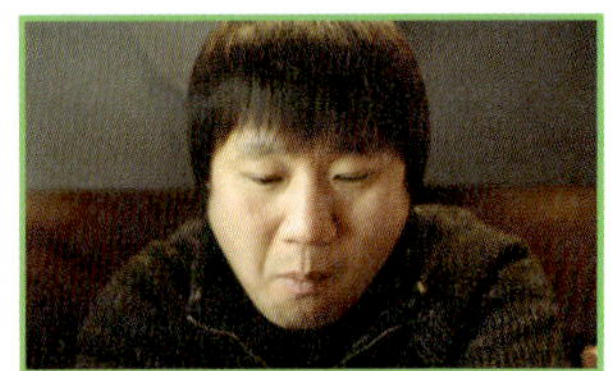

바지허리를 줄이러 수선집에 가다

옷걸이에 걸려 있던 양복바지 6장을 모두 수선집에 맡겼다. 바지허리를 줄이기 위해서였다. 허리 36인치 바지를 모두 33인치로 줄여달라고 했다. 스스로 대견하고 뿌듯한 마음에 한 주 내내 기분이 좋았다. 살이 빠지니까 몸이 가벼워져서 오래 걸어도 다리가 아프지 않다. 예전에 잘 안 되었던 스트레칭 동작도 요즘은 어렵지 않게 잘된다. 다리를 꼬아 앉는 것이 불편했는데 요즘은 전혀 그렇지 않다.

나만이 느낄 수 있는 이런 사소한 변화들이 내게는 큰 성취감으로 다가와 모든 일에 자신감이 생긴다. 주위 사람들은 짧은 시간에 몰라볼 정도로 살이 빠진 나를 보고 독하다고 한다. 하지만 나는 전혀 독하게 다이어트를 한 것이 아니다. 단지 귀가 아주 얇고 게으르고 의지력이 약한 한 인간일 뿐이었다. 그래서 남들이 좋다 하는 다이어트들을 따라해보고 어느 정도 해보다 힘이 들면 그만두고 살이 빠지면 좋아했다. 그러다 다시 원래 생활로 돌아오면 요요현상으로 살이 찌고, 그런 일들의 반복이었다. 예전과 다른 점이라면 좋은 정보를 얻어서 약간의 노력을 했다는 것이다. 약간의 노력으로 몸이 아주 좋아지고 비만을 해결할 수 있다면 실행을 안 하는 사람이 이상한 사람 아닐까.

다이어트에 대한 집착을 버리다

믿을지 모르겠지만 그간의 다이어트 실패 경험 탓에 이번만큼은 살을 빼는 일 자체에 집착하지 않으려 무던히 노력했다. 현미밥으로 바꾸기만 했을 뿐 식사의 양을 줄이지 않고 평소만큼 먹었고 간식도 수시로 챙겼다. 살찔까봐 참고 있었던 고구마와 감자, 견과류도 많이 먹었다. 헬스클럽에 다니기는 했지만 '운동했다'라고 말하기 미안할 정도로 미미한 수준이었다. 하지만 그러한 노력에도 불구하고 살은 점점 빠지고 있다. 수요일 아침에 측정한 체중은 76.5kg이었다. 스스로 마지노선으로 여기던 77kg의 벽이 무너진 것이다. 남들이 보면 왜 이제 와서 살을 덜 빼려고 하냐고 여기겠지만 한 달 만에 11kg이 빠지니 솔직히 겁이 났다. 얼굴이 노랗게 보인다고 해서, 살이 갑자기 빠지면 황달에 걸릴 수도 있다니 말이다. 하지만 얼마 전 혈액검사 때 빌리루빈(황달지수) 수치도 측정했는데 결과는 '이상 없음'이었다.

　어쨌든 살은 계속 빠지고 있고, 출근을 하지 않는 주말에는 오랜만에 푹 잠을 잤다. 그간의 피로와 스트레스를 풀어주기에 충분한 잠이었고 하루 종일 뒹굴뒹굴 쉬면서도 체중에 대한 걱정은 전혀 하지 않았다.

8주차 식단

월요일
아침식사 : 현미밥, 감잣국, 고추무침, 김치
점심식사 : 현미밥, 야채순두부찌개, 땅콩조림, 김치
저녁식사 : 현미밥, 고추무침, 콩나물무침, 콩나물국, 아삭이고추

화요일
아침식사 : 현미밥, 고추무침, 호박전, 콩나물국, 깍두기
점심식사 : 현미밥, 고추무침, 호박전, 깍두기
저녁식사 : 현미밥, 깻잎볶음, 고추무침, 호박전, 깍두기

수요일
아침식사 : 현미밥, 된장찌개, 무생채
점심식사 : 현미밥, 콩나물무침, 호박볶음
저녁식사 : 현미밥, 콩나물국, 김치, 가지무침

목요일
아침식사 : 현미밥, 묵은지된장지짐, 시금치무침
점심식사 : 현미주먹밥, 김, 아몬드, 호두
저녁식사 : 현미밥, 콩나물국, 두부조림, 사과

금요일
아침식사 : 현미밥, 미역국, 부추무침, 버섯두루치기
점심식사 : 현미밥, 두부조림, 오이지무침, 김
저녁식사 : 현미밥, 두부찌개, 도토리묵무침, 열무김치, 고추무침

토요일
아침식사 : 현미밥, 열무겉절이무침, 감자볶음, 시금치무침
점심식사 : 현미주먹밥, 샐러드
저녁식사 : 현미밥, 된장국, 시금치무침, 감자볶음, 다시마튀김

일요일
아침식사 : 현미밥, 콩나물국, 무생채, 김
점심식사 : 현미밥, 오이지무침, 깻잎볶음, 풋고추와 된장
저녁식사 : 현미밥, 콩나물국, 오이지무침, 상추, 깻잎

9주 **10.26-11.1**

32인치 바지를 주문하다

혈압 **114/76**
체중 **75.8kg**

15년 만에 처음 느낀 흥분

직원들과 채식뷔페에 다녀온 다음 날 아침 체중을 재어보니 75.8kg. 75kg대는 15년 만에 처음이라는 생각에 흥분되었다. 9월말에 구입했던 허리 34인치짜리 바지가 약간 헐렁하게 느껴졌다. 그래서 인터넷 쇼핑몰에서 허리 32인치짜리 면바지 2장을 샀다. 8월말까지만 해도 38인치 바지를 입고 다녔는데 9월 중순에는 36인치 바지를, 10월 초순에는 34인치 바지를 입고 다녔다. 얼마 후가 될지 모르지만 32인치 바지가 맞는 날이 오리라는 것을 예감할 수 있었다. 꾸준히 현미채식을 해온 결과가 드러나고 있다.

어머니의 혈압 또한 점점 더 떨어졌다. 혈압약을 하나만 드실 정도인데 134/85였던 혈압이 130/80이다. 입안이 깔끄러워 현미밥을 잘 못 먹겠다고 하셨던 어머니는 요즘 가끔이지만 음식을 드시면서 맛있다는 말씀도 하셨다. 그런 어머니를 보면서 어머니의 건강이 더 좋아질 때까지 앞으로도 함께 채식을 할 것이라 다짐하였다.

어느덧 방송날이 다가왔다. 밤 11시 5분경 드디어 방송이 시작되었다. 대구의료원에 입원한 환자들 위주로 스토리가 전개되었다. 여러 고혈압환자들이 현미식으로 인하여 건강을 찾아간다는 내용이었다. 방송을 보면서 앞으로도 더 열심히 해야겠다고 다시 다짐했다. 그러다 방송 끝나기 5분 전 갑자기 웬 돼지 한 마리가 말을 하기 시작했다. 그 돼지는 바로 나였다. 목소리는 왜 그리 어색한

지, 발음은 왜 그리 이상한지, 말은 왜 그리 빠른지. 말 빠르고 발음 이상한 돼지 한 마리를 보면서 생각했다. 그다음 주에 나올 본방송이 슬슬 걱정되기 시작했다.

9주차 식단

월요일
아침식사 : 현미밥, 콩나물국, 무생채, 김
점심식사 : 현미밥, 오이지무침, 깻잎볶음, 풋고추와 된장
저녁식사 : 현미밥, 콩나물국, 오이지무침, 상추, 깻잎

화요일
아침식사 : 현미밥, 콩나물국, 깍두기, 김
점심식사 : 현미밥, 고추무침, 실곤약무침, 깍두기
저녁식사 : 현미밥, 미역국, 고추무침, 호박전, 깍두기

수요일
아침식사 : 현미밥, 된장찌개, 두부조림, 오이지무침
점심식사 : 현미밥, 콩나물무침, 호박볶음
저녁식사 : 현미밥, 콩나물국, 김치, 시금치무침

목요일
아침식사 : 현미밥, 감잣국, 시금치무침, 김
점심식사 : 현미주먹밥, 샐러드, 김
저녁식사 : 현미밥, 된장국, 두부조림, 상추, 깻잎

금요일
아침식사 : 현미밥, 두부찌개, 부추무침, 김
점심식사 : 현미밥, 오이지무침, 깻잎볶음, 깍두기
저녁식사 : 현미밥, 두부전골, 청포묵무침, 열무김치, 무생채

토요일
아침식사 : 현미밥, 두부조림, 감자볶음, 깍두기
점심식사 : 현미밥, 콩나물무침, 샐러드
저녁식사 : 현미밥, 유부감잣국, 시금치무침, 오이지무침

일요일
아침식사 : 현미밥, 콩나물국, 무생채, 김
점심식사 : 현미밥, 오이지무침, 깻잎볶음, 풋고추와 된장
저녁식사 : 현미밥, 두부전골, 양배추샐러드, 깍두기

10주 **11.2-11.8** 채식의 동반자들을 만나다

혈압 **117/75**

체중 **77.6kg**

채식 동호회에 가입하다

본방송이 끝나고 다음 날 상암동 마라톤 대회장으로 12월 대회 홍보를 갔다(내가 하는 일이 마라톤 대회를 주최하고 진행하는 일이다). 아르바이트생들과 함께 전단지를 나눠주다가 인생에서 처음 맛보는 경험을 했다.

"저 어제 MBC에 나오신 분 아니신가요?"

"아이고 반갑습니다. 악수 좀 해도 되죠?"

약 30여 명 정도의 아저씨, 아줌마, 아가씨, 어린아이 들이 아는 척을 해주신다. 고혈압이나 비만은 많은 사람들의 관심사이기 때문에 방송에 잠깐 나간 것만으로도 사람들이 알아보는 것 같다. 처음 현미채식을 시작할 때는 별 생각이 없었지만 체중이 줄고 혈압이 떨어지는 눈에 띄는 변화들은 내게 자신감과 성취감을 주었다. 왜 현미채식이 좋은지에 대한 책을 찾아서 보게 되고 채식 동호회에 가입하여 활동을 시작하게 되었다. 동호회 모임에 참석하고 많은 자료들을 접하게 되면서 채식을 하는 것이 나의 건강뿐만 아니라 동물을 보호하고 지구를 지키는 작은 실천임을 알게 되었다.

사실 채식을 하지 않은 사람들과 함께 식사를 하거나 술자리에 있게 되면 그것 자체가 많은 유혹이 되기는 한다. 뭐, 한 번쯤 먹어도 되는 건 아닐까 하고 말이다. 그렇지만 나와의 약속으로 얻은 값진 보상을 생각하며 다시 마음을 다독이게 된다. 그런 면에서 채식 동호회 활동은 나의 의지를 다독여주는 좋은 기회인 것 같다.

10주차 식단

월요일
아침식사 : 현미밥, 고추무침, 열무김치, 김, 깍두기, 시래기무침
점심식사 : 현미밥, 고추무침, 열무김치, 김
저녁식사 : 현미밥, 김치, 호박부침, 김, 콩나물무침, 청국장

화요일
아침식사 : 현미밥, 풋고추, 배추김치, 두부조림
점심식사 : 바빠서 거름. 중간에 바나나와 아몬드로 간식
저녁식사 : 채식뷔페

수요일
아침식사 : 현미밥, 미역국, 오이지무침, 김
점심식사 : 현미주먹밥, 과일샐러드
저녁식사 : 현미밥, 카레

목요일
아침식사 : 바빠서 사과, 배, 아몬드
점심식사 : 현미밥, 김치, 버섯조림, 상추, 깻잎
저녁식사 : 현미밥, 두부부침, 김치, 김, 된장찌개

금요일
아침식사 : 현미밥, 김, 콩나물무침, 감자볶음, 열무김치
점심식사 : 현미밥, 카레, 샐러드
저녁식사 : 현미밥, 콩나물국, 무생채무침, 김

토요일
아침식사 : 현미밥, 된장국, 두부조림, 가지무침
점심식사 : 현미밥, 된장국, 도라지무침, 시금치무침
저녁식사 : 사과

일요일
아침식사 : 현미밥, 두부찌개, 깍두기, 연근조림
점심식사 : 현미밥, 오이지무침, 깍두기, 연근조림
저녁식사 : 현미밥, 된장국, 깍두기, 연근조림, 우거지지짐, 김

11주 **11.9-11.15**   색다른 현미의 맛을 알다

🩸 혈압 **115/74**

⏱ 체중 **74.1kg**

현미가래떡이 별미네

강동구육상연합회 임원단 회의가 있는 날이었다. 시간이 시간인지라 식사를 대신할 무언가가 거나하게 차려져 나왔다. 메뉴는 대하찜, 자연산 광어회, 생굴, 막걸리, 소주, 맥주.

광어회, 새우는 별로 생각이 없었지만 생굴의 향기가 나를 괴롭혔다. 그 향긋한 굴 향기를 맡으며 나는 아직 멀었다고 생각했다. 채식가들은 그 향기가 역겹다고 하는데 내게는 향기롭게 느껴질 뿐이니 말이다. 하지만 나는 집에서 챙겨온 현미떡에 토란국을 곁들여 저녁을 대신했다. 모임이 있는 전날 채식 동호회의 게시판에 올라온 현미떡 레시피를 보고 따라해본 것이다.

내가 직접 떡을 만들 필요는 없다. 그저 현미 한 말(8kg)을 깨끗이 씻어서 8시간 이상 불린 다음에 방앗간에 가져다주면 알아서 현미가래떡을 만들어준다. 공임은 한 말에 25000원 정도인데 따뜻한 상태로 위생비닐에 넣어 그대로 냉동실에 보관하면 두고두고 먹을 수 있어서 아주 좋다. 이전에는 저녁 모임이 있을 때 집에 들러 현미밥을 싸가지고 나갔는데 사실 여간 번거로운 것이 아니었다. 그런데 얼려둔 현미떡은 아침에 들고 나가더라도 저녁 때 먹을 수 있어 아주 간편했다. 맛은 현미밥보다 뛰어나다. 그리고 현미밥을 먹을 때처럼 100번 씹지 않아도 현미의 좋은 성분을 완벽하게 흡수할 수 있으니 생각보다 장점이 많다. 무엇보다 내가 좋아하는

떡국을 해먹을 수 있으니, 나의 현미떡 사랑은 앞으로도 계속될 것 같다.

늘 현미밥만 먹으려면 지겨운 것이 사실이다. 채식에도 권태기가 찾아오니까. 지긋지긋하다고 느낄 때 현미떡국처럼 별미가 필요한데 채식라면도 꽤 괜찮은 아이디어다. 채식라면은 수입밀보다 우리밀에 감잣가루를 첨가한 제품들이 많아 가격은 비싸지만 조금 더 좋은 재료를 쓰는 것이 특징이다. 맛은 일반 라면에 비해 사골국물 냄새가 덜하다고 할까, 담백한 맛이 나고 국물은 일반 라면처럼 얼큰해 별미로 먹기에 좋다. '채식주의' '쌀로 빚은 채식라면' '삼육감자라면' '채식주의 순' 등 시중에서도 쉽게 구할 수 있다.

결혼식에 가니 먹을 것이 없다

주말에는 연일 친구들의 결혼식이 이어졌다. 하루는 고교 동창, 다음 날은 중학교 동창. 고교 동창의 결혼식에는 과일과 샐러드, 곶감 등 그나마 먹을 만한 게 있었는데 중학교 동창 결혼식에는 먹을 것이 하나도 없었다. 3만원짜리 식권이 아깝다는 생각뿐이었다. 샐러드라도 먹을까 했지만 마요네즈가 버무려져 있어 먹는 것을 포기했다. 다음 번 결혼식에는 채식 샐러드 드레싱을 준비해가야겠다고 다짐했다. 그러면 샐러드류는 마음 놓고 먹을 수 있으니!

보통 샐러드는 칼로리가 적어 무한정 먹어도 좋다고 생각한다. 다이어트를 위해 아예 샐러드만으로 식사를 대신하는 사람들도 있다. 하지만 샐러드 드레싱에 함정이 있다. 패밀리레스토랑에서 제공하는 1인분의 채소는 약 50~60g으로 평균 8kcal 정도다. 반면 작은 종지에 담긴 드레싱은 평균 100g(약 9작은술)으로 칼로리는 500~600kcal에 이른다. 샐러드 한 접시의 열량이 대표적인 고칼로리 음식인 자장면 한 그릇에 견줄 만하다.

드레싱의 칼로리가 높은 이유는 주재료가 대부분 지방질이기 때문이다. 샐러드

바에 단골로 있는 허니머스터드, 사우전드아일랜드 드레싱은 마요네즈가 대부분을 차지하고 요구르트 드레싱에는 생크림을 넣어 칼로리가 만만치 않다. 뷔페에서 샐러드를 마음껏 먹고 싶다면 마요네즈를 베이스로 한 드레싱은 피하고 간장이나 과일식초를 기본으로 한 드레싱을 선택하는 것이 최선의 방법일 듯하다.

11주차 식단

월요일
아침식사 : 현미밥, 미역국, 무김치, 가지무침
점심식사 : 현미떡, 김치, 파래무침, 김
저녁식사 : 현미떡, 토란국, 오이지무침, 김치

화요일
아침식사 : 현미밥, 뭇국, 김치, 오이지무침
점심식사 : 현미밥, 김치, 오이지무침, 돌김
저녁식사 : 녹두빈대떡, 버섯탕, 두부부침

수요일
아침식사 : 사과, 아몬드, 우유
점심식사 : 현미밥, 도라지볶음, 고사리무침, 호박나물, 상추
저녁식사 : 현미밥, 유부감잣국, 청포묵무침, 깻잎무침

목요일
아침식사 : 현미밥, 콩나물된장국, 돌김과 양념장, 김치
점심식사 : 현미밥, 돌김과 양념장, 얼갈이배추무침
저녁식사 : 현미밥, 김 넣은 된장국, 파래무침, 김치

금요일
아침 겸 점심 식사 : 현미밥, 김치볶음, 무절임무침, 돌김, 양념고추장
점심식사 : 사과, 딸기, 시금치, 두유로 만든 채식 드레싱과 돌김

토요일
아침식사 : 현미밥, 콩나물국, 콩나물무침, 잡채, 총각김치
점심식사 : 현미주먹밥, 오색샐러드, 사과
저녁식사 : 현미밥, 미역국, 무생채, 콩나물무침, 김

일요일
아침식사 : 현미밥, 된장국, 돌김과 양념장, 호박볶음, 총각김치
점심식사 : 현미밥, 돌김과 양념장, 호박볶음, 총각김치
저녁식사 : 현미밥, 된장국, 돌김과 양념장, 호박볶음, 청포묵무침, 총각김치

12주 **11.16-11.22** 채식이 생활이 되다

혈압 **112/78**
체중 **72.9kg**

밖에서 채식하기의 어려움

현미채식을 시작한 지 80일이 넘으면서 몸무게가 70kg 초반대로 줄었다. 60kg대 체중을 꿈꾸게 된 것이다. 하지만 처음 시작할 때처럼 몸무게의 변화가 크게 나타나는 것은 아니다. 체중이 정체기인가 싶을 정도로 71~73kg에서 맴돌 뿐 체중이 줄지 않는다.

무엇 때문일까 생각해보니 최근 들어 모임이 많아 외식을 자주 해서 그런 듯하다. 외식을 하게 되면 일단 현미밥을 사먹는 것은 불가능한 일이다. 그래서 집에 들러 현미밥을 싸오거나 시간이 되면 아예 집에서 저녁을 먹고 나오는데 모임이 잦으면 그것도 어려운 날이 생기기 마련이다. 그렇게 되면 밥을 먹지 않고 고기가 들어가지 않는 요리를 먹게 되지만 외식 요리에는 현미채식에서 절대 권하지 않는 세 가지가 들어가게 마련이다. 바로 흰 밀가루와 흰 설탕, 그리고 흰쌀밥이다.

흰쌀밥을 포함하여 밀가루와 설탕은 대부분의 성분이 탄수화물이고 비타민과 무기질, 섬유질은 거의 들어 있지 않다. 탄수화물을 과다하게 섭취하면 지방과 마찬가지로 비만의 원인이 된다. 탄수화물은 몸속에서 에너지를 만들지만 남은 양은 글리코겐으로 변환되어 간에 저장된다. 과다하게 만들어진 글리코겐은 중성지방으로 변환되어 혈중 지방 함유량을 높이고 체중 증가를 불러온다. 결국 아무리 채식을 한다 하더라도 외식을 하는 횟수가 늘면 체중은 줄이기 어렵다. 겉으로 보기에 채식이라고 하여도 다 같은 채식은 아닌 셈이니 체중을 조금 더 줄이려는 욕심이라면 내가 외식을 자제하는 수밖에 없다. 그렇지 않으면 운동을 조금 더 신경 써서 하거나. 어쨌든 무늬만 채식을 하는 날에는 나름의 보완책이 필요한 것이다. 지금과 같은 식습관을 유지한다면 앞으로 몸무게를 계속 유지하는 데는 별 문제가 없겠지만 조금 더 건강한 몸을 위해 외식을 하는 날에는 생각이 많아진다.

나만의 현미채식 노하우

여행을 가거나 출장을 갈 때도 마찬가지였다. 마침 이번 주에는 행사 때문에 지방에서 1박을 하게 되었다. 그래서 무엇을 먹어야 할지 생각해보았다. 일단 준비물로 군고구마, 현미김밥, 현미떡을 생각했다. 사과는 깨끗이 씻어서 껍질째 먹으면 되고 다른 과일로는 귤과 대봉을 챙겼다. 현미김밥은 전날 저녁, 김밥집에 들러 현미밥을 주면서 현미김밥을 싸달라고 주문했다. 현미떡은 편의점에서 생수를 하나 사면서 전자레인지를 이용하여 데워 먹으면 되니까 그것도 해결. 그리고 출출할 때 먹을 간식도 챙겼다. 곱창돌김과 아몬드도 챙겼다. 곱창돌김은 일반 김보다 두꺼운데 불에 살짝 구워서 잘라 먹으면 그 맛이 꽤 좋다. 김에는 육류에만 들어 있다고 알려진 비타민B_{12}(시아노코발라민)가 들어 있다. 요즘 맛들여서 하루에 10장 정도는 먹는다. 아몬드는 되도록 조미되지 않은 아몬드를 먹는데 배고플 때 먹으면 힘이 나는 것 같아 하루에 20알 정도 먹는다. 처음에는 막연하기만 했던 현미채식도 나름의 노하우가 생기니 어렵지 않게 느껴진다.

12주차 식단

월요일 아침식사 : 현미밥, 콩나물무침, 콩나물국, 감자볶음, 김
점심식사 : 현미밥, 콩나물무침, 콩나물국, 김
저녁식사 : 외식-채식짬뽕, 군만두, 사천짬뽕, 양장피

화요일 아침식사 : 현미밥, 뭇국, 콩나물무침, 양파버섯볶음, 김
점심식사 : 현미밥, 콩나물무침, 현미밥, 양파버섯볶음, 김
저녁식사 : 현미밥, 뭇국, 콩나물무침, 버섯볶음, 김

수요일 아침식사 : 현미밥, 부추된장국, 돌김과 양념장, 호박볶음, 김치
점심식사 : 현미밥, 돌김과 양념장, 호박볶음, 김치
저녁식사 : 현미밥, 부추된장국, 돌김과 양념장, 호박볶음, 김치

목요일 아침식사 : 현미밥, 미역된장국, 돌김과 양념장, 버섯볶음, 김치
점심식사 : 현미밥, 버섯볶음, 돌김과 양념장, 김치
저녁식사 : 현미밥, 미역된장국, 돌김과 양념장, 버섯볶음, 김치

금요일 아침식사 : 현미밥, 아몬드버섯탕, 배추김치
점심식사 : 현미밥, 버섯볶음, 돌김과 양념장, 배추김치
저녁식사 : 현미밥, 아몬드버섯탕, 배추김치, 돌김과 양념장

토요일 아침식사 : 현미밥, 콩나물국, 김치, 무청볶음
점심식사 : 현미밥, 새송이양파볶음, 무청볶음, 돌김
저녁식사 : 현미밥, 콩나물국, 김치, 무청볶음, 김

일요일 아침식사 : 현미밥, 총각김치, 된장국, 버섯조림
점심식사 : 현미밥, 총각김치, 버섯조림
저녁식사 : 현미밥, 총각김치, 된장국, 버섯조림, 돌김과 양념장

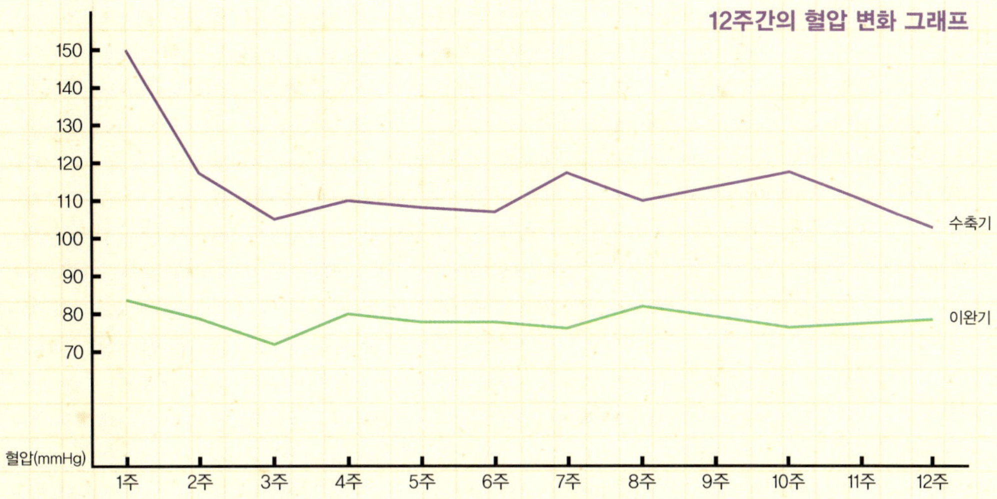

12주간의 혈압 변화 그래프
150
140
130
120
110
100
90
80
70
혈압(mmHg)
수축기
이완기
1주
2주
3주
4주
5주
6주
7주
8주
9주
10주
11주
12주

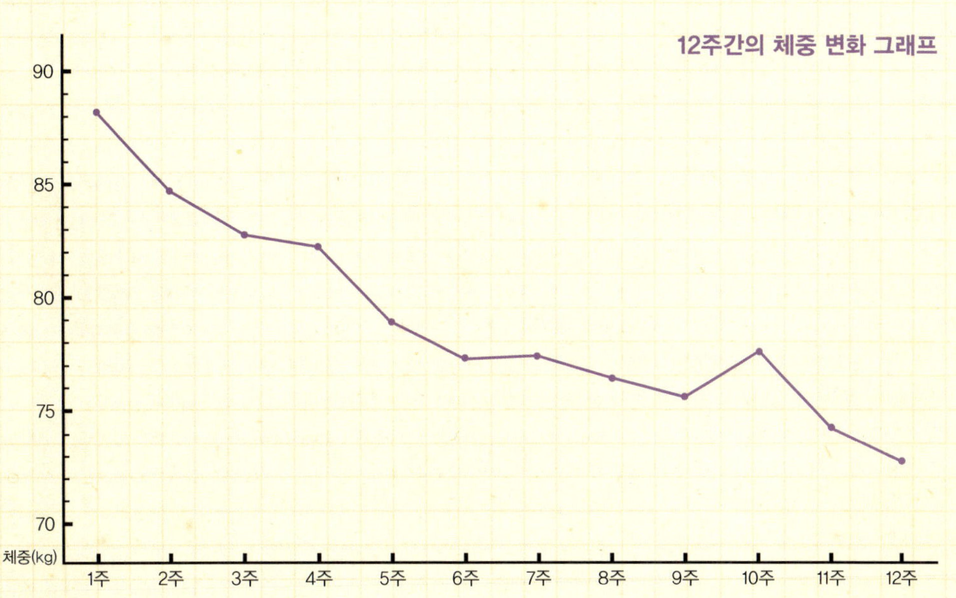

12주간의 체중 변화 그래프
90
85
80
75
70
체중(kg)
1주
2주
3주
4주
5주
6주
7주
8주
9주
10주
11주
12주

현미채식으로
살 뺀 직장인들

채식을 하는 이유는 저마다 다양하지만 채식자들의
공통된 의견은 몸이 가벼워지고 건강해진다는 것이다.
사회생활을 원만하게 유지하며 현명하게 현미채식
다이어트에 성공한 직장인들의 경험담을 모았다.

출판사 콘텐츠 제휴 사업부 근
무, 출퇴근 시간이 일정한 일반
사무직으로 채식 5년차, 현미
식 1년차에 접어들었다.

1996년, 한창 스트레스로 인해
살쪘을 때의 체중은 57kg.

채식 5년째 유지하며 가장 많이
살이 빠진 최근의 체중 43kg.

채식을 시작하게 된 결정적인 동기가 무엇인가요

고등학교 때 생각 없이 살을 찌운 바람에 다이어트를 고민하게 되었어요. 주변
에 오래전부터 채식을 하는 이들이 많아서 채식에 대해 한 번쯤 생각할 수 있었
던 거죠.

결정적으로 완전 채식으로 바꾸게 된 계기는 유기견을 기르게 되면서부터입니
다. 가족과 다름없는 동물들을 잡아먹는 현실을 다시 보게 되었어요. 굳이 동
물을 죽여가며 얻은 고기 말고도 먹을 것은 얼마든지 많다는 생각이 채식생활
로 돌아서게 만들었어요.

처음 채식을 시작할 때 느꼈던 불편한 점과 그것을 극복한 방법들이 궁금합니다

무엇보다 밖에서 사먹거나 배달시켜 먹었던 식생활을 더 이상 지속할 수가 없어

직접 만들어 먹어야 하는 것이었어요. 요리를 그다지 즐겨 하지 않는 편이었기에 주로 밖에서 해결했거든요. 하지만 재료를 직접 사다가 먹고 싶은 음식을 해먹게 되면서 요리에 흥미를 느끼게 되었고 요리 실력도 많이 늘어 결과적으로는 좋은 일이라 생각합니다.

다만 채식을 시작하면서부터 외식을 자제하니 친구들을 만나는 횟수가 줄어들어 인간관계가 심플해진 점도 있어요. 처음에는 조금 아쉽기도 하고 불편하기도 했는데 점차 익숙해지고 있어요. 요즘에는 고기 먹는 자리에서도 고기를 먹지 않고 즐겁게 분위기를 맞춰가면서 잘 버티고 있으니 주변 사람들도 크게 불편해하지 않는 것 같아요. 채식을 하는 것에 대해 격려를 보내기도 하고 관심을 갖는 이들도 많아 뿌듯한 마음이 들기도 한답니다.

채식을 하면서 달라진 점은 무엇인가요

채식하면서부터 직접 도시락을 싸가지고 다니게 되었습니다. 직접 도시락을 싸다보니 예전보다는 더 부지런해질 수밖에 없었는데 처음에는 불편하다고 느꼈지만 식비가 눈에 띄게 줄어들고 살이 빠지는 것을 느끼면서 이로운 점들을 더 생각하게 되더군요.

채식 시작 후 가장 큰 변화는 피부가 눈에 띄게 좋아졌다는 것과 체중이 많이 줄었다는 점이에요. 고등학교 때부터 스트레스를 먹는 것으로 풀다보니 살이 확 찌고, 급하게 굶는다거나 무리한 운동으로 한꺼번에 살을 빼기를 반복해왔어요. 그런 무리한 방법으로 뺀 살은 또다시 금방 찌더군요. 그런데 채식 위주의 식단으로 바꾸고 나서는 서서히 체중이 줄고 쭉 유지가 되었습니다. 매일 조금씩 스트레칭을 하며 건강을 다지면서 채식을 하고 있어 몸무게에 대한 걱정은 하지 않게 되어 아주 좋아요.

직장생활을 하면서 5년간 쌓아온 자신만의 채식 노하우를 공개해주세요

아침은 꼭 든든하게 챙겨 먹고 출근합니다. 현미밥에 된장국 한 가지만 있어도 충분하죠. 도시락도 특별한 일 없을 땐 꼭꼭 챙겨다니고 견과류와 미숫가루, 쿠키 같은 간식은 항상 준비해둡니다.

회식이 있을 때는 맨밥과 쌈채소류, 간장류의 소스 메뉴를 선택해요. 워크샵처럼 1박 2일 일정으로 가는 회사 행사 때는 채식 반찬과 콩햄, 버섯말이 같은 채식 가공식품들을 따로 챙겨서 갑니다.

주식은 무엇인가요

원래 흰쌀밥을 참 좋아해서 채식을 시작한 후에도 주로 흰쌀밥만을 고집해왔어요. 그러다 작년부터는 현미식을 주식으로 바꾸었습니다. 현미식을 하다보니 백미보다는 적게 먹게 되고 포만감도 느껴지는 등 여러 가지 면에서 현미식으로 바꾼 것을 긍정적으로 생각하고 있습니다.

보통 채식을 하면 식단이 심심할 거라 생각하는데 어떤가요

저도 처음에는 그럴 거라 생각하고 솔직히 많이 고민했어요. 하지만 채식 식당을 다니면서, 또 관심을 갖고 직접 만들어보면서 채식으로도 충분히 맛깔스러운 음식을 만들어 먹을 수 있다는 걸 알게 되었습니다.

집에서는 현미밥에 된장국이나 찌개류, 김, 오이지, 쌈채소에 쌈장 등을 주로 먹어요. 밀가루 음식을 좋아해서 자주 해먹는 편이긴 한데 되도록이면 양을 줄이려고 노력하고 있어요.

도시락은 주로 볶음밥 종류를 많이 싸가지고 다녀요. 오이지나 미역줄기, 연근, 우엉조림 등 짠 반찬 한두 가지면 간단하게 먹을 수 있거든요. 가끔은 통밀식빵으로 샌드위치를 싸가기도 합니다.

그동안 만들어본 채식 요리들은 제 블로그http://blog.naver.com/papillon1004에 기록으로 남겨두었어요. 다이어트를 생각하시는 분이라면 곤약과 두부, 버섯 종류가 좋으며 곤약삼색초밥, 싱싱야채회, 두부야채스테이크는 추천해드리고 싶은 메뉴입니다.

채식을 고민하고 있는 이들에게 도움이 될 수 있는 조언 부탁드립니다

"어떻게 고기를 먹지 않고 살 수가 있지? 그 좋은 걸…" 채식을 시작할 때부터 지금까지도 주변에서 귀가 따갑도록 듣고 있는 말이에요. 처음에는 일일이 하나하나 설명하고 설득하려고 애썼는데 아무리 백번 말로 설명해도 한번 본인이 직접 겪은 것에는 비할 수가 없는 것 같아요.

저 역시 채식에 대해서 처음에는 반신반의했는데 막상 일주일에 한 번, 하루 걸러 한 번, 하루에 한 번, 이런 식으로 조금씩 채식 위주의 식단으로 바꿔가다보니 몸이 말을 해주었습니다. 매일 소화제를 입에 달고 살았는데 채식으로 바꾼 후부터는 소화가 잘되서 몸과 마음이 편안합니다. 처음부터 무리하게 시작하지 말고 우선 반찬 한두 가지부터 채식으로 바꾼다면 채식생활에 대한 부담을 덜 수 있으리라 생각합니다.

박 기 홍

고등학생과 재수생 들을 대상
으로 하는 입시학원의 사무관
리직. 평소에는 출퇴근이 규칙
적인 편이지만 시험 기간과 수
능 막바지 기간에는 밤늦은 시
간까지 야근이 잦다.

Before

1998년, 밀가루 음식과 중국 음식을
즐겨 먹던 당시의 체중은 103kg.

After

육류와 유제품, 계란을 먹지 않는 완전
채식을 유지한 지 2년째. 체중 78kg.

처음 채식을 시작하게 된 결정적인 동기가 무엇인가요

초등학교 5학년 때 외조부모가 계시는 시골의 소 도축장 옆을 지나가다가 잘린
소머리들을 보고 나서 그때부터 희한하게도 소, 돼지, 닭 등 뭍에서 사는 동물
들의 고기를 먹으면 그 맛이 예전과는 다르게 너무 메스껍고 역해서 토하게 되
었습니다. 그 후 육식을 기피하게 되었어요. 그런데 채식을 한다고는 하더라도
피자, 튀김, 라면 같은 밀가루 음식과 중국 요리를 즐겨 먹어서인지 체중이
100kg을 넘긴 적도 있었습니다. 밤늦게 컴퓨터 작업을 하면서 야식도 많이 먹었
고요. 그래서 2002년과 2009년에 두 번 채식으로 다이어트를 하게 되었지요.

두 번의 다이어트에 대한 자세한 설명 부탁드려요

처음 다이어트는 고기는 안 먹지만 해물과 계란, 유제품은 먹는 페스코 채식을

하였습니다. 3개월간 백미, 백설탕, 밀가루, 정제염, 화학조미료를 이르는 5백 식품과 일체의 가공식품은 먹지 않았지요. 대신 현미콩밥과 감자, 고구마, 브로콜리, 된장, 해조류 등의 자연식으로 하루 한 끼 식사를 했어요. 자연스럽게 외식은 거의 안 하게 되었고 매일 도시락을 싸다녔습니다. 운동은 매일 아침 저녁으로 각각 5km씩, 하루에 총 10km씩 조깅을 하였습니다. 다이어트로 72kg까지 체중이 줄어들었다가 다시 예전의 식습관으로 돌아가면서 체중이 점점 늘었습니다.

2009년 몸무게가 99kg를 육박하면서 다시 채식을 해야겠다고 결심했어요. 잦은 외식과 불규칙한 식습관, 운동 부족이 요요의 원인이었지요. 이때부터는 고기류뿐만 아니라 해물, 계란, 유제품도 먹지 않는 완전 채식을 시작했습니다. 운동은 평소에 많이 걸으려고 노력했고 일주일에 두 번 배드민턴을 쳤는데, 치고 나면 땀이 흠뻑 날 정도로 했습니다. 제 경험상 단순히 고기를 안 먹는 다이어트보다는 가공식품을 배제한 자연식 위주의 채식과 운동이 더 중요한 것 같습니다.

처음 채식을 할 때 느꼈던 불편한 점과 그것을 해결하고 극복한 방법들이 궁금합니다

채식을 하지 않는 주변의 분들과 함께 식당에 갈 때 제가 이러저러한 동물성 성분을 빼달라고 주문을 하면 으레 따라오는 그분들의 눈총이나 편견이 견디기 힘들었습니다. '고생도 안 하고 곱게 자라서 음식을 가린다' '삼겹살도 못 먹어, 치킨도 못 먹어, 회도 못 먹어, 가지가지 한다' '왜 주변 사람들에게 피해를 주면서까지 튀려고 그러나?' 등등. 이러한 편견들을 극복하기 위해 왜 채식을 하는지에 대한 이유를 설명하고 이해를 구하려고 노력을 하였습니다. 고깃집에서 회식자리가 있으면 가능한 참석하였고, 음식은 먹지 않더라도 사람들과 같이 어울리려고 하였지요. '채식인은 고기 먹는 사람들보다 우월한 존재도 아니고 열등한 존재도 아니고 특이한 존재도 아니다. 다만 생활 방식의 한 형태이니 그대로의 개성을 존중해달라'는 제 생각을 진지하게 말씀드렸더니 주변 사람들의 태도가 조금씩 달라지는 것을 느낄 수 있었습니다.

주식은 무엇인가요

집에서 식사할 때나 도시락을 싸갈 때는 늘 현미밥으로 먹습니다. 사람들과 같이 식당에서 외식을 할 때는 밀가루 음식이나 백미를 먹어요. 열 번 밥 먹을 때 일곱 번 정도를 현미식으로 하니까 주식으로 봐도 무방하겠네요.

보통 채식을 하면 식단이 심심할거라 생각하는데 어떤가요

집에서 밥을 해먹거나 도시락을 싸갈 때는 최대한 심심하고 담백하게 간을 해서 먹는 편입니다. 반찬은 돌김 같은 마른 반찬이나 나물, 샐러드나 생채무침으로 간단하게 먹어요. 대신 채식 식당에서 외식을 하게 될 때는 적당히 기름지고 매콤한 음식들을 선호합니다. 나름의 보상심리랄까요.

평소 즐겨 먹는 청경채를 추천해드리고 싶네요. 씻어서 그냥 생으로 먹어도 아삭아삭한 맛이 있고 기름진 국이나 조림, 볶음요리 등에 같이 넣어 먹으면 느끼한 맛을 덜어주어 괜찮습니다.

채식을 하면서 달라진 점은 무엇인가요

평소 운동을 좋아하는 편인데 장거리 달리기나 등산, 축구, 농구같이 장시간 운동을 할 때 지구력이 더 좋아졌습니다.

채식을 하고 난 후 심리적으로 어떤 변화가 있었나요. 육식을 하지 않으니 화를 잘 내지 않게 되었다는 이야기들을 많이 합니다

예전보다는 확실히 화를 덜 내는 거 같습니다. 성격이 좀더 온순해지고 느긋해진 것을 느낍니다. 남들이 화를 내는 모습을 옆에서 지켜볼 때도 예전보다 마음이 많이 불편하고요.

사회생활을 하면서 그간 쌓아온 자신만의 채식 노하우를 공개해주세요

회사 근처에 맛있다고 소문난 한정식 식당, 샐러드바가 있는 패밀리레스토랑, 과일 안주가 저렴하고 괜찮은 호프집을 미리 물색해둡니다. 직장 동료들과 회식이나 외식을 하게 되면 맛집으로 소문난 괜찮은 곳을 알게 됐다고 하면서 일식당 대신 그 한식당으로, 스테이크하우스 대신 샐러드바가 있는 그 패밀리레스토랑으로, 고깃집 대신 그 호프집으로 안내합니다.

자신이 채식을 한다고 해서 채식을 안 하는 직장동료들을 채식 식당으로 데리고 가는 것은 좋지 않습니다. 웬만해선 좋은 소리를 듣기 어렵거든요.

채식을 고민하고 있는 이들에게 도움이 될 수 있는 조언 부탁드립니다

한국에서는 아직까지 채식하는 이들의 수가 희소해서 채식인들끼리의 유대감이나 친밀감이 상당히 강한 편입니다. 그래서 채식 동호회를 통해서 알게 된 이들은 다른 온라인 동호회에 비해 좀더 쉽게 마음을 열고 친해지기도 하지요. 온라인상에서는 채식과 건강에 관련된 다양한 정보와 개개인의 체험들을 공유할 수 있어서 좋고, 오프 모임에서는 여러 채식인들이 함께 모여서 맛집 탐방처럼 다양한 채식 식당들을 같이 체험하고 각자의 채식 관련 에피소드를 얼굴 맞대고 얘기할 수 있어 채식하는 데 큰 도움이 되고 있습니다.

프리랜서. 출퇴근이 일정하지 않으며 오후와 저녁에 집중적으로 일한다. 현미채식 10개월 차로 현미채식 전 혈압약을 복용하였으나 현재 혈압이 거의 정상화되어 약을 줄인 상태이다.

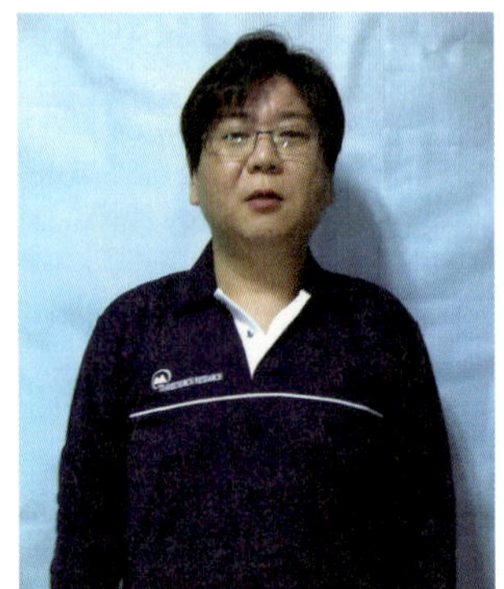

콜라를 물처럼 자주 마시던 10개월 전 99.8kg.

현미채식을 시작한 지 10개월째인 현재 78.9kg.

채식을 시작하게 된 결정적인 동기가 무엇인가요

다이어트를 하기 위해 운동을 하고 있었지만 효과를 전혀 보지 못하던 차에 김찬걸 씨가 출연한 〈목숨 걸고 편식하다〉를 시청하였습니다. 김찬걸 씨의 상황이 저와 아주 비슷하여 방송을 보고 나서 현미채식을 하기로 결심하게 되었습니다.

채식 전의 식생활은 어떠했나요

먹는 양이 다른 사람들에 비하면 절대적으로 많았고 외식이 잦은 편이었던 것 같습니다. 밀가루 음식을 자주 먹었고 고기는 매끼 먹을 정도로 아주 좋아했습니다. 고기를 먹을 때는 밥과 채소, 김치 같은 다른 음식을 곁들이지는 않았습니다. 오로지 고기만 먹었다고 할까요. 그리고 콜라를 좋아해서 1.5리터 콜라를 하루에 한두 병 물처럼 마셨어요.

오랫동안 가져온 식습관을 바꾸는 일이 쉽지 않았을 것 같아요

가장 어려웠던 점은 정말로 좋아하던 음식을 끊는 것이었어요. 가장 먼저 생각나는 것이 콜라를 끊는 것이었네요. 아무런 대책 없이 콜라를 끊는 것은 어려웠기 때문에 대체할 음료를 찾기 시작했습니다. 저의 해결책은 멀티 발포 비타민을 물에 녹여서 마시는 것이었어요. 결국 이 방법을 이용해서 청량음료와 커피를 끊을 수 있게 되었답니다. 가끔 콜라처럼 달콤한 음료를 먹고 싶을 때는 스무디킹 같은 곳에 가서 채소 음료를 먹거나 먹고 싶은 과일을 마음껏 먹습니다. 선택의 여지가 별로 없을 경우에는 아메리카노 커피나 녹차, 허브티 같은 것을 마십니다.

다른 음식을 먹을 때도 이와 마찬가지로 대체 식품을 찾기 시작했습니다. 먹는 양을 줄이기는 쉽지 않다는 것을 알기 때문이지요. 채식 초기에는 고기 생각이 간절해서 콩고기를 많이 먹었는데 시간이 지나면서 콩고기를 먹는 양은 서서히 줄어들었어요. 반찬을 만들 때는 설탕은 조청으로, 맛소금은 천일염으로, 액젓은 간장과 매실진액으로 대체하여 음식의 맛을 내었습니다.

외식이 잦은 편인데 밖에서는 어떻게 드시나요

고깃집에서는 상추, 깻잎 같은 채소와 고추장, 참기름을 밥에 넣고 비벼 먹습니다. 쌈장에는 동물성 재료가 들어가 있는 경우가 있어 먹지 않아요.

일반 식당에 갈 경우에는 비빔밥, 돌솥비빔밥, 쫄면, 비빔냉면, 또는 콩국수를 시키면서 계란을 빼달라고 주문합니다. 가끔 양념장에 고기가 들어가는 경우가 있어 처음 가는 곳에서는 미리 확인을 합니다. 찌개류인 경우에는 육수 대신 맹물로 끓여달라면서 화학조미료, 조개류, 계란, 고기 같은 것을 넣지 말아달라고 부탁드립니다. 분식집에 가서는 야채김밥을 주문하는데 계란, 햄, 맛살, 오뎅을 빼는 대신 채소를 듬뿍 넣어달라고 부탁하지요.

술집에 가서는 과일 안주와 감자튀김을 시키고 술을 마시는데 샐러드를 시킬 때 드레싱은 따로 달라고 하고 가능하다면 고추장을 부탁해 함께 먹습니다.

흰쌀밥에서 현미로 대체하는 것이 어렵지 않았나요

처음에는 현미에 대한 정보가 부족하여 0분도가 아닌 5분도 같은 무늬만 현미를 먹기도 하고 한 끼에 6공기를 먹을 정도로 폭식을 하기도 하였습니다. 폭식을 자제하기 위해 나름의 방법들을 연구하게 되었고 시간이 지나면서 식사량도 서서히 줄이게 되었습니다. 먼저 식사를 하기 전 참외, 바나나 등의 과일을 서너 개 먹고 20분이 지난 후 식사를 했어요. 숟가락을 티스푼으로 바꾸고 밥그릇도 제일 작은 것으로 바꾸었지요. 밥 한 숟가락에 100번 씹는다는 생각으로 먹으니 식사 시간은 늘 30분이 넘었습니다. 식사 후에 식욕이 갑자기 몰려올 때는 물에 불린 현미생쌀을 먹거나 과일을 배부르게 먹었습니다. 밖에 나갈 때 불린 현미생쌀을 가지고 다니면서 출출할 때 먹기도 하였습니다.

외식을 할 때는 현미밥을 싸가거나 '한솥도시락' 가게가 근처에 있으면 현미밥을 구입하여 갔습니다. 현미밥을 구할 수 없을 때는 일반 쌀밥의 양을 적게 해서 먹었어요.

채식을 하면서 달라진 점은 무엇이었나요

체중이 약 22kg까지 줄었다가 최근 체중이 늘어 약 21kg로 감량된 상태입니다. 먼저 뱃살이 빠지고 허리 사이즈가 줄어든 후에 얼굴살이 빠졌습니다. 체중이 정체기에 있다가 서서히 빠지기를 반복하면서 체중이 감량되었는데 밀가루 음식을 먹으면 몸무게가 1~3kg 급격하게 늘더군요.

예전에는 땀을 많이 흘리는 편이었는데 지금은 그 양이 적어진 듯하고 더위를 많이 타지 않는 것 같아요. 그 외 배변이 좋아지고 피부가 좋아지는 것, 그리고 마음이 차분해지고 말하는 속도와 행동이 비교적 여유로워지는 경험은 저뿐만 아니라 주변에서 현미채식을 하는 사람들의 공통된 의견입니다.

현미채식한 지 5개월 만에 관절염이 완치된 것은 의외의 효과였습니다. 발등의 모세혈관에 문제가 생겨서 검은 점처럼 났던 것들이 모두 사라지더군요. 의사선생님이 현대의학으로는 고치기 어려울 것 같다고 말씀하셨는데 말이지요.

보통 채식을 하면 식단이 심심할 거라 생각하는데 어떤가요? 즐겨 먹는 메뉴와 좋아하는 채식 재료가 궁금합니다

심심한 맛을 즐기는 것이 아니라 그러한 맛에 익숙해져가는 듯합니다. 담백한 음식이 맛있다 느껴지지요. 하지만 저는 매운맛을 좋아해서 가끔은 굉장히 매운 음식을 먹기도 합니다. 현미떡으로 만든 채식떡볶이는 제가 아주 좋아하는 메뉴이지요.

채식을 고민하고 있는 이들에게 도움이 될 수 있는 조언 부탁드립니다

사회생활을 지속하면서 채식을 하려면 채식이 가능한 카페나 식당, 주변에서 쉽게 구할 수 있는 채식 음식에 대한 정보를 많이 알고 있어야 합니다. 그래야 동료, 친구 들과 함께 식사를 하러 갈 때 장소를 제안할 수 있거든요. 모임의 성격에 따라 주도적으로 채식이 가능한 곳으로 이끌 수도 있고 상대방에게 자연스럽게 채식 음식을 맛볼 수 있는 기회를 줄 수 있지요.

일반 식당의 경우에는 단골 음식점을 만들어두는 것도 도움이 됩니다. 채식 전문 식당이 아니어도 주문하기에 따라 채식 음식을 먹을 수 있습니다.

part 2 식사 전략

무엇을 먹느냐는 지금의 몸 상태를 알려주는 가장 확실한 지표다. 외식과 회식, 과식으로 이어지는 직장인의 식습관을 바꾸는 것만으로도 다이어트는 이미 성공한 셈이다. 직장생활은 그대로 유지하면서 체중을 줄이고 몸속 건강을 생각하는 건강한 식습관 전략이 바로 성공 다이어트의 비결이다.

현미채식이 부담스러운 직장인을 위한 건강한 식습관 만들기

아침식사를 챙기고 외식을 줄이는 것만으로도
우리의 몸은 한결 가벼워진다.
직장생활에서 요령 있게 채식에 도전할 수 있는
노하우를 통해 건강한 식습관을 만들어갈 수 있다.

아침밥보다
10분의 단잠이
차라리 달콤하다

아침을 꼭 먹어야 하느냐가 문제다. 프리랜서가 아닌 이상 정해진 출근시간에 맞추려면 매일 아침 '10분의 단잠'과 '밥 한 숟갈' 사이에서 고민하게 마련이다. 시간이 넉넉하다거나 호텔의 룸서비스처럼 제대로 된 한 상이 코앞에 와준다면 아침식사를 '꼭 먹어야 하느냐'라고 물을 필요는 없다. 하지만 직장인이기에 아침식사는 다이어트를 떠나 건강을 위해서도 먼저 짚어볼 문제다.

아침식사를 먹느냐 마느냐의 문제는 전문가들 사이에서도 의견이 팽팽하다. 아침식사 지지파들은 잠든 동안 우리의 심장과 소화기관은 멈추지 않고 활동을 하기 때문에 다음 날 눈을 떴을 때 뇌로 공급되어야 할 에너지원이 거의 남아 있지 않으니 이를 보충해주어야 한다고 말한다.

이와는 달리 아침식사를 하느냐 마느냐는 전적으로 생활습관에 달려 있다고 말하는 의학자들도 있다. 하루에 필요한 칼로리를 채우고 5대 영양소를 두루 섭취할 수 있다면 점심식사와 저녁식사 두 끼만으로 충분하다는 것이다. 하루 세끼를 채우느냐보다는 이를 유연하게 조절하는 것이 중요하다는 것이 요지다. 이들의 공통된 의견은 아침은 과하지 않게 먹는 것이 좋다는 것, 그리고 눈을 뜨자마자 먹는 것보다는 스트레칭 등으로 몸을 풀어 유연하게 한 후 식사를 시작하라는 것이다.

일반적으로 오전 9시에 출근, 12시에서 1시 사이에 점심을 먹는 직장인은 점심시간이 되기 전부터 허기를 느낀다. 배가 고프다는 신호가 오기 전에 식사를 해야 과식을 막고 에너지를 제대로 소비할 수 있으니 결론적으로 말하면 아침식사는 챙기는 것이 더 낫지 않을까 한다.

주스야 전날 밤 미리 만들어두면 되지

출근 준비로 바쁜 시간에 아침을 챙기기란 쉽지 않으니 짧은 시간에 해결할 수 있는 방법을 찾아야 한다. 시간, 노력 대비 가장 간편하면서도 효과적인 것은 무엇보다도 두세 가지 과일과 채소를 섞어 갈아놓은 주스다. 하루의 에너지를 낼 수 있는 당과 비타민, 섬유질을 가지고 있으며 시원하고 신선한 맛이 아침을 깨우기에 그만이다. 시판 주스도 있지만 직접 갈아 만드는 생과일 주스와 비교할 수는 없다. 시판 주스는 공산품인 관계로 유통을 위한 방부제, 향신료 등의 첨가물을 넣을 수밖에 없으니 말이다.

일단 아침에 눈을 뜨자마자 물 한 잔으로 몸을 깨운 다음 집을 나서기 전 생과일 주스 한 잔으로 스피디한 아침식사를 마치면 된다.

하지만 채소와 과일을 썰어 믹서에 넣는 과정은 바쁜 아침 시간에는, 마치 느긋한 오후에 홍차를 마시는 일처럼 사치스러울 수 있다. 만약 그런 경우라면 전날 미리 갈아두어 아침에 먹는 것이 방법이다. 다만 과일 주스의 미덕이 신선함에 있다는 것을 생각한다면 몇 가지 배려가 필요하다. 과일과 채소 중에는 사과처럼 갈변하는

사람에 따라서는 아침 빈속에 과일을 먹으면 속이 불편하다고 느끼는 경우가 있다. 그럴 때는 주스보다는 제대로 된 식사를 하는 것이 좋은데 물리적인 시간이 부족할 경우에는 볶은 곡식(현미, 옥수수, 찹쌀 등)을 챙겨 나와 출근길에 조금씩 입에 넣고 꼭꼭 씹으면서 식사를 대신할 수 있다. 이럴 때는 물기 없이 먹는 것이 소화를 하는 데 도움이 된다. 식사할 때 물이나 음료수를 같이 먹는 방법은 위에 부담을 많이 주므로 특히 소화력이 약한 사람에게는 권하지 않는다.

종류가 있다. 갈변은 과일 속에 포함되어 있는 영양 물질이 공기 중의 산소와 만나 산화되기 때문에 나타나는 현상이다. 껍질이 있기 때문에 과일 속의 영양은 잘 보존되어 있지만 껍질을 벗기고 자르고 부수는 주스 형태는 쉽게 갈변이 일어난다. 이를 막기 위해서는 완전히 밀폐된 용기에 보관하는 것이 최선이다. 과일을 짜거나 갈아서 가능한 한 빠른 시간 내에 밀폐된 용기에 가득 부어 공기가 차지 않도록 한다. 보온병에 담는 것은 좋지 않다. 보온병에 담으면 특유의 냄새가 날 수 있으니 가능한 유리병에 밀폐하여 보관한다. 밀폐하여 담은 주스는 냉장고에 보관하고 한번 개봉한 주스는 남기지 않고 먹는 것이 좋다. 아무리 밀봉을 시켰다 하더라도 완벽하게 산소를 차단하는 것은 어렵기 때문에 가급적 하루 이상을 넘기지 않는다. 갈변의 방지를 위해 레몬즙을 약간 넣는 것도 방법이다. 주스의 재료가 갈변이 되지 않는 종류라 하더라도 미리 주스로 만들어둘 경우 위의 방법을 따른다면 최대한 신선함을 유지한 건강 주스를 마실 수 있다.

아침밥상, 꼭 밥과 국이 아니어도 좋다

몇 번의 다이어트 경험을 통해 알게 된 사실 하나는 배고픔과 싸우는 것이 다이어트에는 큰 도움을 주지 않는다는 것이다. 더구나 아침에 빈속으로 출근하는 일이 잦으면 점심까지는 멍한 상태로 업무에 박차를 가할 수 없으니 여러모로 실이 많다.

사실 주스 한 잔이라도 마시고 나올 만큼의 의지만 있다면 좀더 실한 아침을 챙길 수 있다. 밥과 국, 반찬으로 이루어진 한식 성찬이 아니어도 좋다. 에너지를 내는 탄수화물을 함유한 음식에 비타민과 무기질, 섬유질이 들어 있는 음식을 곁들이면 영양적으로 완성도 있는 메뉴가 된다. 사실 아침, 점심, 저녁의 세

두유 1컵 + 바나나 1개

1 바나나는 껍질을 벗기고 3등분으로 자른다.
2 자른 바나나를 믹서에 담고 분량의 두유를 붓고 20초 정도 곱게 간다.

사과 1개 + 당근 1개

1 사과는 흐르는 물에 스펀지로 깨끗이 씻어 껍질째 준비한다
2 당근은 흐르는 물에 스펀지로 흙을 씻어내고 껍질을 얇게 벗겨 준비한다.
3 사과와 당근을 깍두기처럼 네모반듯한 모양으로 썰어 믹서에 담아 20초 정도 곱게 간다.

두유 1컵 + 아몬드 10알 + 바나나 1개

1 아몬드는 2~3등분 토막을 내어 믹서에 담는다.
2 바나나는 껍질을 벗겨 2~3등분 토막을 내어 담고 두유를 부어 30초 정도 곱게 간다.

두유 1컵 + 현미 1/3컵 + 조청 혹은 올리고당 1큰술

1 전날 밤에 현미 1/3컵을 씻어 미리 불려둔다.
2 불린 현미의 물기를 빼고 두유와 조청을 믹서에 30초 정도 곱게 간다.

키위 2개 + 바나나 1개 + 생수 약간

1 키위는 껍질을 깎아 반으로 썰어 믹서에 넣는다.
2 바나나는 껍질을 벗겨 2~3등분 토막을 내어 믹서에 담아 물을 약간 붓고 20초 정도 곱게 간다.

두부 1/2팩 + 두유 1/3컵 + 아몬드 10알

1 믹서에 연두부와 아몬드, 두유를 넣고 20초간 곱게 간다.
2 먹기 전 조청 1큰술을 넣어 섞어도 좋다.

생수 2/3컵 + 현미 1/3컵 + 아몬드 10알 + 조청 혹은 올리고당 1큰술

1 전날 밤에 현미 1/3컵을 씻어 미리 불려둔다.
2 아몬드는 2~3등분 토막을 내어 믹서에 담는다.
3 생수와 현미, 아몬드와 조청을 넣고 30초간 곱게 간다.

바나나 1개 + 아몬드 10알 + 포도 20알

1 바나나는 껍질을 벗기고 3등분으로 자른다.
2 아몬드는 2~3등분 토막을 내어 믹서에 담고 포도알은 껍질을 벗기지 않고 넣어 곱게 간다.

오이 1개 + 오렌지 1개 + 물 1/4컵

1 오이는 돌기를 제거하여 3cm 길이로 썰고 오렌지는 과육만 발라낸다.
2 믹서에 오이와 오렌지 과육, 물을 넣고 20초 정도 곱게 간다.

사과 1개 + 셀러리 1대 + 물 1/4컵 + 레몬즙 1큰술

1 셀러리는 3cm 정도 길이로 썰고 사과는 껍질째 6~8등분한 뒤 씨를 제거한다.
2 믹서에 사과와 셀러리, 레몬즙과 물을 넣고 20초 정도 곱게 간다.

끼 중 자신의 기호와 영양 상태에 가장 충실할 수 있는 식사가 아침식사다. 점심은 동료들과 함께 메뉴를 정하는 일이 다반사고 저녁은 친구들과의 약속이 있거나 회식으로 이어지는 일이 많아 이들 두 끼는 사회생활의 일부라 할 수 있다. 반면 아침 메뉴는 온전히 자신의 몫이다. 아침을 먹거나 먹지 않는 것도, 집에서 먹거나 출근길에 먹거나 회사에서 먹거나 온전히 자신의 선택이다.

아침식사가 하루의 에너지를 내는 역할을 하기 때문에 든든히 먹어야 한다고 말하지만 단순히 양의 문제는 아니다. 아침은 많이 먹어도 좋다는 생각으로 짧은 시간에 많은 양을 제대로 씹지 않으면 소화가 되지 않아 하루 종일 속이 더 부룩하다고 느끼게 된다. 적은 양이라도 꼭꼭 씹어 천천히 먹으면 포만감을 느낄 수 있다는 점을 기억하자. 가령 김쌈이 좋은 예다. 그렇다고 김에다 밥만 싸 먹으라는 법은 없다. 오이, 두부, 바나나 등 다양한 재료를 마른 김에 싸 먹으면 별미다. 이때 김은 조미하지 않은 구운 김이 다른 재료들과 두루 잘 어울리는데 그것이 번거롭다면 시판 김 중에서 소금기가 적은 김을 선별한다.

선식은 오랫동안 직장인들에게 러브콜을 받는 아침 메뉴다. 여러 가지 곡식을 가루로 만든 선식은 탄수화물, 무기질 등이 풍부해 아침식사로 적당하다. 하지만 맛이 다소 심심하다는 단점이 있는데 두유에 타서 과일을 곁들이면 심심한 맛을 보완하면서 비타민을 보충하는 효과가 있다. 호두나 아몬드 같은 견과류를 함께 먹으면 지방을 보충해주는 완벽한 아침식사가 된다.

아침식사를 위해 간단한 조리를 한다면 탄수화물, 단백질, 비타민은 풍부하되 지방이 적은 음식 혹은 조리법을 생각하는 것이 좋다. 기름기 많은 육류, 튀기거나 볶은 음식은 공복 상태의 위에 부담을 줄 수 있으니 피하고 탄수화물, 단백질, 비타민, 섬유질 등 서로 보완해주는 것을 먹어 간단하지만 한 끼 식사를 했다는 만족감을 주는 것이 좋다.

점심은 외식,
저녁도 회식,
나도 모르는 사이 늘 과식!

아침부터 길어지는 회의, 이메일 체크 후 거래처와 통화하고, 몇 가지 문서를 들춰보며 본격적인 업무를 시작해볼까 하는 순간이면 주책맞게 떠오르는 생각 하나. 오늘 점심은 뭘로 하지? 순간의 모든 스트레스를 잊게 만들 만큼 진지한 고민이지만 결국은 사무실에서 가장 가까운 어제 그 집이나 그제 그 집으로 발길을 옮긴다. 도시락을 싸는 부지런한 직장인이 아니라면 누구나 다름없는 메뉴 선정의 코스다. 직장인들의 점심식사에 관한 조사 결과에 따르면 가장 선호하는 점심 메뉴는 단연 김치찌개다. 김치찌개, 비빔밥, 제육볶음 등 한식을 가장 선호하며 돈가스, 스파게티, 자장면, 냉면, 칼국수 등의 면류가 그 뒤를 잇는다.

이런 외식 메뉴는 집에서 하는 요리가 아니기에 고칼로리, 고염분의 음식이 주를 이룬다. 조미료가 들어가기 때문에 입에는 단맛이 느껴지고(그 감칠맛!) 먹는 동안은 맛있다고 느끼지만 그릇이 비워지고 숟가락을 놓고 나면 뒷맛이 찜찜하다. 고칼로리, 고염분, 조미료는 외식 자체가 가진 한계이므로 어쩔 수 없지만 늘 밖에서 식사를 해결하는 직장인은 같은 외식이라도 좀더 건강하게 식사하는 방법을 생각해볼 수 있다.

식당의 1인분, 나를 위한 것은 아니었더라

먼저 식사량을 생각해보자. 외식 메뉴가 무엇인지를 떠나 외식을 하게 되면 자신의 적정 식사량을 잊게 된다. 음식점에서 나오는 1인분의 양을 마치 내가 평소 먹는 양으로 생각하게 된다. 80kg의 남성이 주문을 하든, 50kg의 여성이 주문을 하든 음식점에서 제공하는 1인분의 양은 늘 정해져 있다. 대부분은 음식 남기는 것이 아까워서 배가 불러도 다 먹으려고 애쓴다. 음식을 남기게 되더라도 무의식적으로 할당량을 채워야 한다는 느낌을 지우기 어렵다. 돈을 내고 사먹는 음식이기 때문에 남기면 정말 아깝다. 외식을 많이 하는 사람이 살이 찌는 이유가 여기에도 있다. 하지만 앞으로 밖에서 음식을 먹을 때는 남겨도 된다고 생각하자. 주어진 음식을 모두 다 먹지 않아도 괜찮다. 다만 음식이 버려지는 것을 막기 위해 주문할 때 미리 자신의 양을 이야기하는 것이 좋다. 1인분이 정해진 경우라면 먹기 전에 미리 덜어놓고 더 필요한 사람에게 주는 것도 좋은 배려다.

주문을 할 때 양뿐만 아니라 메뉴의 재료에 대해 미리 이야기하는 것도 좋은 방법이다. "너무 짜지 않게" "채소는 많이 넣어서" "소스는 따로" 같은 이야기를 주문할 때 미리 말하면 좋다. 동료들에게 너무 깐깐한 사람으로 보일까 걱정이 되겠지만 말하는 방법에 따라 미식가로 보일 수도 있다. "채소를 많이 넣으니까 맛있던데 그렇게 해주세요"라든가 "소스는 먹기 직전에 뿌려야 맛있더라고요" 하는 설명을 곁들이면 누구나 고개를 끄덕인다. 음식점 입장에서도 음식이 나온 후 불평하는 것보다 미리 이야기해주는 편이 낫다.

외식 메뉴 중에 한식만 한 것은 없다

외식 메뉴 중에서 건강식을 꼽으라면 그래도 한식이다. 한식은 튀기거나 볶는 메뉴가 중식이나 양식에 비해 적다. 재료 면에서도 채소가 많이 들어간 비빔밥과 콩으로 만든 청국장, 된장은 세계적인 웰빙 메뉴로 손색이 없다. 점심 식사를 늘 외부에서 해야 하는 직장인이라면 한식의 테두리에서 고르는 것이 좋다. 한식 메뉴 중에서도 직장인들에게 가장 인기 있는 것은 김치찌개다. 이런 찌개류의 반찬은 국물이 짜서 나트륨을 필요 이상으로 섭취하게 되는데 국물을 먹기보다는 건더기를 건져 먹고 나물류의 반찬을 많이 곁들여 먹는 것이 좋다. 비빔밥은 채소를 많이 먹을 수 있는 웰빙 메뉴인데 보통 밥의 양에 비해 나물의 양이 적은 경우가 많다. 주문할 때 밥을 적게 하는 대신 나물을 많이 달라고 주문하고 따로 참기름을 치지 않고 먹는다면 저칼로리의 건강 메뉴가 된다. 그 외, 탕 등의 국물 요리를 먹으면 소금을 많이 섭취하게 되므로 젓갈류나 장아찌류는 먹지 않도록 한다.

간혹 가다 생각나는 자장면 때문에 중국집으로 향하게 된다면 기름기가 적은 물만두를 먹거나 간자장에 돼지고기를 빼고 양파와 양배추를 많이 넣어달라고 주문한다. 간자장이 아닌 일반 자장면은 주문이 들어올 때마다 소스를 볶는 것이 아니기 때문에 따로 주문하는 것이 어려운 탓이다. 이러한 까다로운 주문을 하더라도 중식 요리는 기본적으로 동물성 지방이 많아 열량이 높으며 염분 또한 많다. 조미료가 과다하게 들어가는 것도 심각하다. 자주 먹지 않는 것이 최선이지만 부득이 회식이라도 가게 되어 다양한 요리를 먹게 된다면 식사 중에 양파를 의식적으로라도 많이 먹는 것이 좋다. 음식을 천천히 먹으면서 중간중간 차를 마시면 포만감이 느껴져 전체 식사량이 줄어드니 그 또한 방법이다.

밖에서도 집밥 먹는 것처럼 야무지게 먹을 수 있다

1 점심 메뉴를 정할 때 한식을 1순위로 한다. 콩으로 만든 청국장과 된장국, 채소가 많은 비빔밥, 쌈밥 등의 메뉴는 다른 식사에 비해 균형식일 가능성이 높다. 그날그날 국과 메인 요리가 정해지는 '가정식 백반'이라는 간판을 붙인 식당이면 좋다. 단 한식에서는 소금의 양이 많으므로 이를 주의해야 한다. 탕이나 찌개처럼 국물 요리를 먹을 때 건더기는 먹고 국물은 남기는 습관을 가지는 것이 좋다.

2 '가정식 백반'이나 구내 식당처럼 날마다 메뉴가 달라지는 한식당을 제외하면 같은 음식점을 매일 가는 것은 피하는 것이 좋다. 맛있다고 한 곳에만 가지 말고 식품의 종류가 다양하도록 식단을 바꾼다. 점심식사 때 채소가 부족하면 저녁식사에서 채소를 보충하고 점심때 기름진 튀김 요리를 많이 먹은 날은 저녁식사의 양을 평소보다 조금 줄이는 식으로 메뉴와 양을 조절하는 것이 필요하다.

3 식사 시간은 길면 길수록 좋다. 천천히 식사를 하면 과식할 염려가 없고 반찬을 고루 먹게 되어 다이어트에 도움이 된다. 하지만 회사 주변의 식당에서 점심을 천천히 먹기란 쉬운 일이 아니다. 식당이 많이 붐비는 시간을 피해 30분 정도 늦게 사무실을 나오는 것이 일차적인 방법이다. 뒤에서 기다리는 손님이 많다고 해도 최소한 음식을 먹는 시간은 순수하게 20분을 넘긴다. 꼭꼭 씹어 삼키고 동료들과 담소를 나누면서 식사하는 습관을 갖는다.

4 남겨도 된다. 밥 한 톨이라도 남기면 복 달아난다고 하는 우리의 정서는 외식이 늘 과식으로 이어지는 이유이기도 하다. 일단 먹어보고 시킨다는 생각으로 여럿이 같이 먹을 때는 1인분을 적게 시키는 것이 좋다. 먹으면서 양을 결정하면 불필요하게 남기지 않는다. 다만 남자들은 주문할 때 곱빼기의 유혹이 크다. 곱빼기가 자신의 정량인 경우에는 먹는 속도를 의식적으로 늦추는 습관을 갖는다. 꼭꼭 씹어 먹고 담소를 나누면 먹는 동안 포만감이 느껴져 식사량을 조금씩 줄여나갈 수 있다.

구내 식당의 알찬 점심식사는 어떨까

하루 점심값 5000원으로 오늘은 뭘 먹을까 고민하는 직장인들. 조금이라도 싸게 제대로 된 한 끼 식사를 먹을 수 있는 곳을 고민한다면 구내 식당만 한 곳이 없다. 일반 식당보다 1000~1500원 정도 저렴한 가격이 큰 경쟁력이다. 영양사들이 하루 섭취 필수 영양소와 칼로리 등을 따져 식단을 짜기 때문에 계획적인 식사를 할 수 있다는 점 또한 장점이다. 예전에 비하면 인테리어 또한 쾌적하게 변하고 있어 꽤 괜찮은 밥집의 역할을 하고 있으니 회사에 구내 식당이 없다면 가까운 구내 식당으로 출장가는 것도 괜찮다. 구내 식당 중에는 당사회사원과 일반인을 구분해 식사 가격을 책정하는 곳도 있으니 미리 확인하고 가야 당황하는 일이 없다. 구내 식당은 가격 대비 만족감이 훌륭한 곳이니 만큼 돈 1000원에 마음 상하는 일이 생길 수 있으니 말이다.

뉴스타트 채식레스토랑뷔페

30여 가지의 메뉴가 준비되어 있는 채식 전문 뷔페 식당. 매주 금요일 저녁과 토요일은 휴무이다.
가격은 12000원.
서울 강남구 대치동 897-13 남곡빌딩 2층.
02-565-4324

러빙헛

30여 가지의 메뉴가 준비되어 있는 채식 전문 식당. 서울, 부산, 대구, 전주 등 전국에 체인점이 있다. 뷔페 식당인 아차산점의 경우 평일 가격은 9900원, 주말 가격은 15000원.
http://www.lovinghut.kr
02-576-9637

사랑분식

떡볶이, 김밥, 채식라면, 콩국수 등 철저한 채식 조리법으로 만든 20여 가지의 분식을 맛볼 수 있다.
가격은 2500~5000원.
서울 강남구 개포동 1230-5.
02-577-4012

오세계향

한식·중식·양식의 다양한 메뉴를 갖추고 있다. 누룽지탕, 채식불고기덮밥, 매실탕수채 등의 메뉴를 맛볼 수 있다. 가격은 6000~13000원.
서울 종로구 관훈동 59.
02-735-7171

효소원

청국장 건강식 메뉴를 즐길 수 있는 채식 식당. 평일 점심 뷔페는 12~2시, 저녁 뷔페는 5~7시에 연다. 현미건강죽도 판매한다. 뷔페 가격은 7000원.
서울 서초구 방배동 481번지.
02-582-1820

한과채

채소와 두부 위주의 20여 가지 건강식 메뉴를 뷔페 스타일로 즐길 수 있다. 주말은 휴무이다. 가격은 12000원.
서울 종로구 관훈동30-9 청아빌딩 지하.
02-720-2802

매크로

곡식이나 채소의 어떤 부분도 버리지 않고 조리하는 방식을 이르는 매크로비오틱 요리 전문 식당. 채식 파스타, 쿠키 등 20여 가지의 메뉴와 음료가 있다. 가격은 5000원부터.
경기도 화성시 동탄 반송동 22-5번지 103호.
031-613-0484

신동양반점

중화요리 식당으로 20여 가지의 채식 중화요리로 주문이 가능하다. 주문 전 채식 메뉴판을 달라고 이야기하면 된다. 가격은 5000원부터.
서울 영등포구 여의도동 35-5번지 5층.
02-782-1754

현미뷔페건강

현미밥에 20여 가지의 건강식 메뉴를 뷔페로 즐길 수 있다. 평일 점심에만 운영하며 방문 전 전화로 확인하고 가는 것이 좋다. 가격은 7000원.
서울 성동구 성수2가 1동 300-66.
02-463-0406

입이 심심하니
일의 진도가 안 나간다.
간식 먹을까?

직장생활이란 게 하루가 어떻게 지나갔나 싶을 만큼 바쁘기도 하지만 밀린 업무와는 별개로 한없이 지루한 날도 있다. 좋은 아이디어가 떠오르지 않을 때 기분 전환을 위해 마시는 커피 한 잔은 도움이 된다. 동료들과 간단한 게임으로 군것질을 하는 것도 꽤나 즐겁다. 하지만 이런 시간이 잦아지면 다이어트에 도움이 될 리 없다. 다이어트를 위해 가장 먼저 멀리해야 하는 것이 군것질이라 말하는 사람도 있다. 하지만 잠깐의 간식 타임도 없다면 오후 업무는 더디게 진행되어 결국 원치 않는 야근으로 이어질지도 모른다.

배고픔과 싸우는 것이 다이어트는 아니다

간식이 다이어트의 적이라고 말할 필요는 없다. 다이어트는 배고픔을 이기는 지루하고 어려운 싸움이 아니기 때문이다. 식사 시간까지 배고픈 상태가 계속되면 다이어트에 전혀 도움이 되지 않는다. 공복 상태에서는 과식을 하기 쉽고 허기를 느낀 몸은 나중을 대비해 들어오는 음식을 에너지로 최대한 소모하는 대신 영양을 비축해두기 때문이다. 일본의 스모 선수들은 아침을 먹지 않고 허기진 상태에서 훈련을 하고 난 후 점심을 몰아 먹고 낮잠을 자면서 살을

찌운다고 한다. 극도의 공복에서 한꺼번에 먹는 습관이 체중이 불어나는 원인
이다.

　관건은 간식을 먹더라도 경쟁력 있게 먹는 것이다. 간식이 제대로 된 식사가
아니니 필요 이상으로 먹을 필요는 없다. 그러기 위해서는 적은 양의 음식이라
도 맛있게 오래 먹을 수 있는 방법을 생각한다. 가령 팀원들과 함께 먹는 경우
라면 배가 부를 때까지 먹기보다는 적당한 양을 미리 생각해두는 것이 좋다. 여
럿이 함께 먹다보면 무의식적으로 경쟁심이 생겨 많이 먹게 되어 "더는 못 먹겠
다"라는 말이 나올 때까지 먹게 된다. 지금 먹고 있는 음식이 간식이라면 배가
아주 부를 때까지 먹는 습관은 버리는 것이 좋다. 적당한 양을 미리 생각해두
고 함께 먹는 사람들과 보조를 맞춰가며 먹는 것이 좋다. 도넛이나 케이크처럼
각자의 할당량이 주어진 경우라도 자신의 양을 미리 체크해두는 것이 좋다. 도
넛 하나 먹을 수 있을 정도라면 몰라도 점심식사를 충분히 했거나 저녁을 든든

적게 먹어도 배부른 경쟁력 높은 간식
(10g당)

아몬드 59kcal

하루 10개 정도를 먹는 것이 적당하다. 아몬드에는 비타민E, 마그네슘, 칼슘, 칼륨 등이 풍부하며 단백질, 식이
섬유, 심장 건강에 좋은 불포화지방 등이 많아 영양 밀도가 높은 견과류 중의 하나다. 소금기 없는 볶은 아몬
드가 좋다.

땅콩 58kcal

하루 한 줌 정도가 적당하다. 조미된 땅콩보다는 겉껍질째 구운 것을 먹는 것이 좋다. 고소한 맛 때문에 무한
정 먹게 되므로 먹을 만큼만 덜어서 먹는다.

호두 65kcal

하루 5알 정도가 적당하다. 겉껍질이 있는 것을 구입해 먹을 때마다 까서 먹는 것이 좋다. 고소하고 담백한 맛
이 진할 뿐만 아니라 껍질을 까서 먹는 과정이 번거로워 천천히 먹을 수 있는 간식이다.

하게 먹을 예정이라면 자신의 할당량을 다해야 한다는 부담을 덜고 먹을 만큼만 먹는 것이 좋다. 그럴 때는 미리 자신의 양을 생각해 덜어달라고 하거나 남은 간식은 따로 챙겨두는 것이 좋다. 사람들이 먹고 있는 간식을 남겨서 버리는 모습은 그다지 호감을 주지 않는다.

혼자만의 간식을 챙겨두고 먹는 편이라면 평소 좋아하는 간식의 정체에 대해 알아볼 필요가 있다. 가령 평소 다이어트에 도움이 된다고 생각하는 강냉이의 칼로리는 슈크림빵보다 높다. 말린 옥수수를 고열, 고압 상태로 터트려 만드는 강냉이는 수분 함량이 적고 탄수화물 함량이 높아 상대적으로 수분 함량이 높은 고구마맛탕이나 슈크림빵보다 칼로리가 높은 것이다. 비타민 함유량이 높아 많이 마시면 좋다고 생각하는 과일 음료에는 액상과당이 들어 있는 탓에 칼로리가 높다. 음료 한 병 정도의 양이라면 괜찮지만 하루에 2~3개씩 마신다면 살이 찔 수밖에 없다.

잣 66kcal
하루 15개. 맛이 강하지 않은 견과류 중의 하나다. 맛으로 먹기보다는 무언가를 씹는다는 기분을 느끼게 해주는 간식이다.

사각 다시마 1.9kcal
처음에는 짭짤한 맛이 느껴지다가 씹다보면 오징어를 닮은 고소한 맛이 느껴진다. 국물용 다시마가 다소 짜다고 생각되면 간식용 다시마 스낵을 먹어도 좋다.

김 1.9kcal
하루 5장 정도가 적당하다. 김에는 단백질과 섬유질, 무기질이 많다. 약불에 살짝 구우면 더 맛이 좋다.

고구마 13kcal
수분과 섬유질이 함유된 건강 간식. '고구마 한 개'로 양이 정해져 있어 무언가를 '먹었다'는 만족감이 크다. 식사 때처럼 배부르게 먹지 않도록 한다.

씹는 맛이 좋은 간식거리를 찾아서

그렇다면 간식으로 무엇을 먹는 것이 좋을까? 배고픔을 완전히 채우기보다는 빈속을 달래고 정신적인 만족감을 줄 수 있는 정도가 좋다. 필요 이상으로 많은 양을 먹지 않기 위해서 천천히 먹을 수 있는 간식을 고르는 것이 좋다. 천천히 먹는 가장 쉽고 좋은 방법은 오래 씹는 것이다. 씹는 동작은 대뇌피질을 자극하고 뇌에 혈액 공급을 도와주기 때문에 간식을 먹는 것이 기분 전환 이상으로 업무에 도움을 줄 수 있다.

그런 의미에서 호두나 아몬드, 땅콩 같은 견과류는 좋은 간식이다. 견과류에는 단백질이 다량 함유되어 있으며 비타민, 섬유질이 풍부하다. 다른 음식에 비해 비교적 딱딱하기 때문에 오래 씹을 수 있어 천천히 먹게 되고 오래도록 포만감을 유지시켜준다. 이로 인해 다음 끼의 식사량이 자연스럽게 줄어들어 간식의 역할을 톡톡히 한다. 단 견과류에는 고칼로리의 지방이 들어 있으니 하루에 먹는 양이 1/2컵(하루 42g 이하)을 넘지 않도록 한다.

출출함을 달래는
별미 채식 간식

• 재료는 2인분 기준입니다.

부추감자샐러드

재료 | 감자 5개, 부추 1/2단, 올리브 오일 2큰술, 소금, 바질 약간

1 부추는 5cm 길이로 썬다.

2 감자는 껍질을 벗긴 후 냄비에 담고 물은 감자가 잠길 정도로 붓는다.
  감자가 푹 익을 정도로 조린다.

3 감자를 으깨어 올리브 오일과 부추를 넣고 버무린다.

4 소금으로 간을 한 후 바질을 뿌린 다음 접시에 담는다.

발사믹버섯볶음

재료 | 느타리버섯 4개, 가지 1/2개, 마늘 5쪽, 양파 1개, 파프리카 1개, 올리브 오일, 발사믹 식초, 소금 약간

1   버섯과 가지를 1cm 두께로 자른다.

2   마늘과 양파는 5mm 두께로 편썬다.

3   파프리카는 가로세로 1.5cm로 썬다.

4   달군 팬에 올리브 오일을 두르고 가지와 양파, 파프리카, 버섯을 넣고 볶는다.

5   채소가 익으면 마늘을 넣고 볶아 소금으로 간한다.

6   발사믹 식초 적당량을 뿌려 1분 정도 더 볶는다.

7   접시에 담아 후추를 살짝 뿌린다.

청포묵김무침

재료 | 청포묵 1모, 김 1장, 참기름, 깨소금, 소금 약간

1   청포묵은 끓는 물에 30초 정도 데쳐 찬물에 헹군 후 체에 받쳐서 물기를 빼둔다.

2   청포묵은 먹기 좋은 크기로 길쭉하게 깍둑썰기한다.

3   김은 살짝 구워서 잘게 부수어놓는다.

4   청포묵에 김가루를 넣고 참기름과 소금을 넣어 무친다.

5   그릇에 담고 깨소금을 솔솔 뿌린다.

부추곤약무침

재료 | 부추 1/4단, 곤약 1모, 양파 1/2개, 양념장(진간장 1큰술, 다진 파와 마늘, 깨소금, 올리브 오일), 아몬드 5개, 소금 약간

1 부추는 5cm 길이로 썬다. 양파는 반으로 갈라 얇게 썬다.

2 곤약은 5mm 두께로 채썰어 끓는 물에 살짝 데친 후 찬물로 헹군다.

3 분량의 재료를 섞어 양념장을 만든다.

4 그릇에 부추와 곤약, 양파를 담고 양념장을 넣어 버무린다.

5 소금으로 간한 후 접시에 담고 깨소금을 솔솔 뿌린다.

6 아몬드를 으깨어 위에 뿌린다.

발사믹두부샐러드

재료 | 두부 1모, 부추 1/4단, 소스(발사믹 식초 2큰술, 올리브 오일 약간, 물엿 1/2큰술, 양파 1/4개), 아몬드 5개

1   두부는 2cm 두께로 넓게 썬다.

2   부추는 깨끗이 씻어 물기를 제거한 후 5cm 길이로 썬다.

3   양파는 다져놓는다.

4   분량의 재료를 섞어 소스를 만든다.

5   달군 팬에 올리브 오일을 두른 후 두부를 노릇하게 굽는다.

6   두부를 6등분하여 잘라 그릇에 담고 부추와 소스를 넣어 버무린다.

7   아몬드는 다져둔다.

8   접시에 샐러드를 담고 아몬드가루를 솔솔 뿌린다.

카레맛잡채

재료 | 양파 1개, 느타리버섯 1/2봉지, 당근 1/2개, 당면 200g, 마늘 3쪽, 순카레분 1큰술,
진간장 1큰술, 참기름 1큰술, 식용유 약간

1 양파와 당근은 깨끗이 씻어 채썰고 마늘은 편으로 썬다.

2 느타리버섯은 먹기 좋도록 가늘게 찢어둔다.

3 달군 팬에 식용유를 두르고 양파와 느타리버섯, 당근, 마늘을 각각 따로 볶아둔다.

4 당면을 끓는 물에 넣고 6~7분간 삶는다. 삶은 당면은 물기를 빼고 참기름과
간장으로 무친다.

5 볶은 채소와 당면을 팬에 넣고 잘 섞은 후 순카레분을 솔솔 뿌려가며 볶는다.

토마토야채스프

재료 | 당근 1개, 감자 1개, 양파 1개, 마늘 2쪽, 월계수잎 2장, 다시마 (10×10cm) 1장,
물 2컵, 토마토케첩 2큰술, 소금, 후추, 올리브 오일 약간

1 당근과 감자는 껍질을 벗긴 후 작게 깍둑썬다.

2 양파는 채썰고 마늘은 얇게 저민다.

3 냄비에 올리브 오일을 두른 후 당근과 감자를 볶는다.

4 어느 정도 익으면 양파와 마늘을 넣고 볶는다.

5 볶은 채소에 물을 붓고 다시마와 월계수잎을 넣어 10분 정도 약한 불에서 더 끓인다.
다시마는 3분 정도 지나면 먼저 건져내는 것이 좋다.

6 토마토케첩을 넣고 잘 저어 어느 정도 간이 배면 소금과 후추로 간한다.

Fusilli Macaroni Pasta
Ravioli
LES HISTOIRES

토마토현미떡볶이

재료 | 토마토 1개, 현미떡 2컵, 양념장(진간장 1큰술, 고추장 1큰술, 다진 파와 마늘, 청양고추 2개),
소금, 깨소금 약간, 물 1컵

1 청양고추는 송송 썬다.

2 분량의 재료를 섞어 양념장을 만든다.

3 현미떡은 10cm 길이로 썰어 끓는 물에 데쳐둔다.

4 냄비에 물을 붓고 끓으면 토마토를 4등분하여 썰어 10분 정도 끓인다.

5 주걱으로 토마토를 으깬 다음 현미떡을 넣는다.

6 5분 정도 끓인 후 양념장을 넣고 잘 버무린다.

7 현미떡에 양념장이 고루 밸 때까지 잘 젓는다.

8 마지막에 소금으로 간하고 그릇에 담은 후 깨소금을 솔솔 뿌린다.

설렁탕맛 나는 현미떡국

현미떡 2컵, 땅콩 7개, 무 1/5개, 버섯 5개, 파 1/3개, 마늘 2쪽, 양파 1/4개, 국간장 2큰술, 물 4컵,
소금, 김가루, 후추, 올리브 오일 약간

1 냄비에 무, 양파, 버섯을 슬라이스로 썰어서 담고 물을 붓고 끓인다.

2 기름을 두른 팬에 땅콩을 살짝 볶는다.

3 볶은 땅콩과 물 1/2컵을 붓고 믹서에 간다.

4 1이 끓고 있는 냄비에 땅콩 간 물을 넣는다.

5 물이 끓어오르면 현미떡을 넣는다.

6 떡이 익을 때쯤 국간장과 소금으로 간을 한 후 파, 마늘을 넣고 조금 더 끓인다.

7 그릇에 담은 후 김가루와 후추를 뿌린다.

tip 현미떡 구입할 수 있는 인터넷 사이트

싸리재 www.ssarijai.com 한살림 shop.hansalim.or.kr 아침애 www.koreancake.com

현미주먹밥

재료 | 현미밥 1공기, 김치 다진 것 1/2컵, 김, 참기름, 깨소금, 소금 약간

1 김치는 물에 씻어 매운맛을 뺀 후 잘게 썰고 나서 물기를 꼭 짜낸다.

2 김은 살짝 구워서 잘게 부수어놓는다.

3 현미밥에 김치와 김, 참기름, 깨소금, 소금을 넣고 비빈다.

4 비빈 밥을 작게 뭉쳐 양손으로 꼭꼭 눌러서 동그란 주먹밥 모양을 만든다.

오색샐러드

재료 | 피망 1개, 오이 1/2개, 당근 1/3개, 감자 2개, 보라색 양배추 1/8개, 채식마요네즈

1   피망과 보라색 양배추는 가로세로 2cm로 자른다.

2   당근과 오이는 동그랗게 썬다.

3   감자는 껍질을 벗긴 후 냄비에 담고 물은 감자가 잠길 정도로 붓는다.
    바닥이 노릇해질 정도로 조리면 감자가 푹 익은 상태가 된다.

4   감자는 깍둑썰기한다.

5   그릇에 준비한 재료를 넣고 채식마요네즈를 얹어 가볍게 버무린다.

tip 채식을 위한 두유마요네즈 만들기

믹서기에 두유 1컵과 포도씨 오일을 70㎖ 넣고 잘 섞는다. 섞는 동안 식초를 조금씩 첨가하는데
걸쭉한 점성이 생기면 올리고당 1큰술과 견과류(땅콩 10개 혹은 아몬드 7개)를 넣어 고루 섞는다.

카레를 곁들인 버섯구이

재료 | 새송이버섯 4개, 감자 1개, 양파 1개, 당근 1/2개, 녹말물(녹말가루 1큰술, 물 1큰술)
순카레분, 마늘 1/2쪽, 물 1컵, 올리브 오일 약간

1 감자와 양파, 당근은 깍둑썬다.

2 새송이버섯은 5mm 두께로 편썬다.

4 팬에 올리브 오일을 두른 후 버섯을 노릇하게 구워낸다.

5 달군 팬에 올리브 오일을 두르고 감자를 볶는다.

6 감자가 익어 투명해지기 시작하면 당근을 넣고 볶는다.

7 감자와 당근이 익으면 양파를 넣고 함께 볶는다.

8 채소가 어느 정도 익으면 물 1컵에 순카레분을 개어서 넣는다.

9 물과 녹말을 섞은 녹말물을 카레에 넣어 걸쭉하게 농도를 조절한다.

10 접시에 구운 버섯을 담고 옆으로 카레를 담아낸다.

tip 채식인을 위한 카레 가루

우유 성분이 들어가지 않은 순카레분.
녹말 성분이 없고 간이 되어 있지 않아 요리에 향신료로 쓰기에도 좋다.
www.foodmiya.com에서 구입했다.

본격적인 현미채식을 위한 직장인 식사 전략

매일 점심을 밖에서 해결해야 하고 저녁마다 회식자리가 끊이지 않는 직장생활.
직장인에게 점심과 저녁 메뉴는 살빼기의 핵심이다.
본격적인 현미채식을 위한 도시락 싸기,
저녁 술자리에서 뱃살을 찌우지 않는 알짜 노하우를 소개한다.

집밥이 그립다.
도시락이라도
싸다녀야 할까보다

아무리 맛이 깔끔한 식당이라고 해도 집밥이 아닌 이상 여러 가지 문제점을 가지고 있다. 밖에서 사먹는 외식의 가장 일반적인 특징은 입안에 착 감기는, 이른바 감칠맛이다. 한번 입에 넣으면 쉽사리 숟가락을 놓기 어려운 중독성 강한 맛의 비밀은 화학조미료와 소금에 있다. 글루탐산나트륨MSG 같은 화학조미료는 가정에서는 거의 사용하지 않는 추세지만 외식에서는 여전하다. 웬만한 호텔의 연간 화학조미료 사용량이 1.5톤을 넘는다고 하니 적은 재료로 재빨리 맛을 내야 하는 일반 음식점은 더하면 더했지 덜할 수는 없을 것이라 예상된다.

외식에서는 1인분의 기준이 모호하다. 체중, 나이, 성별과 관계없이 설정된 1인분은 무의식적인 할당량이 된다. 큰 접시에 작은 스테이크 한 조각 올리는 고급 레스토랑의 메뉴를 제외한다면 대부분의 일반 음식점에서는 푸짐한 것이 미덕이다보니 외식은 주로 '더 이상 못 먹겠다' 하는 지점에서 멈추게 된다. 또한 맛을 내기 위해 지방질의 비중을 높인 메뉴가 많고 튀기거나 볶는 등의 조리법을 사용한 고칼로리식이 많다.

사실 이런 이유를 나열할 필요도 없다. 직장인들은 매일 점심 메뉴를 고르는 것이 피곤한 데다가 소박하지만 정직한 집밥이 그리우니 말이다. 외식이 지겹고 다이어트를 하겠다는 생각으로 도시락 싸기를 결심하는 직장인들은 많지만 막상 실행에 옮기기는 쉽지 않다. 처음부터 큰 욕심을 부리지 말고 일단 외식을 줄이는 것만으로도 다이어트와 건강에 큰 도움이 된다고 생각하자.

나만을 위한 1인분을 만들어보자

처음 싸는 도시락은 서툴기 마련이다. 맛있는 도시락을 싸겠다는 욕심이 앞서지만 막상 도시락 뚜껑을 열고 난 뒤 질척하고 김빠진 듯한 음식을 보면 식욕이 생기지 않는다. 하지만 뜨거운 밥과 반찬을 한 김 식혀 담는 것만으로도 맛있는 도시락을 먹을 수 있다. 밥은 아침에 갓 지은 것을 담는 것이 좋다. 다만 밥을 담고 뜨거운 상태에서 뚜껑을 덮으면 도시락에 수분이 생겨 질척하고 맛이 없어진다. 도시락에 밥을 담은 후 한 김 식혀야 씹는 맛이 살아 있다. 반찬 역시 뜨거운 것은 한 김 식힌 후 뚜껑을 덮는다. 식히지 않은 상태에서 뚜껑을 덮으면 국물이 생기고 도시락 용기 안에서 뜨거운 열기가 음식에 배어 반찬이 눅눅해지며 맛이 싱거워진다.

도시락 메뉴에는 신선한 채소와 과일을 담은 샐러드를 준비하면 좋다. 이때 샐러드 소스나 드레싱은 따로 준비한다. 한데 버무려두면 시간이 지나면서 수분이 생겨 재료의 질감이 떨어지고 맛도 옅어진다. 즉석에서 바로 먹어야 깔끔하고 아삭한 재료의 맛을 느낄 수 있다. 소스는 병에 보관해 사무실의 냉장고에 넣어두는 것도 좋은 방법이다.

도시락을 쌀 때 제일 곤란한 것이 바로 김치다. 국물이 흐르거나 냄새가 날 수 있기 때문이다. 사무실의 냉장고에 넣어두는 것도 방법이지만 케이크나 과일, 음료 등을 넣어두는 공동 냉장고이기 때문에 자칫 냄새가 배면 동료들의 원망을 살 수도 있다. 가장 마음 편한 것이 김치를 밀폐용기에 따로 담아 가지고

1 느긋하게 인터넷을 검색하며 먹을 생각에 기대에 부풀어서.
2 오늘의 점심 메뉴는 현미밥에 오이지무침, 호박볶음, 열무물김치.

다니는 것이다. 국물은 담지 않는 것이 좋다.

밥과 반찬을 싼 도시락일 경우에는 식당에서처럼 쫓기듯 먹지 않고 천천히 먹을 수 있으니 이 또한 장점이다. 도시락 동료가 있으면 좋지만 혼자 먹어야 하는 경우에는 조금 더 큰 의지가 필요하다. 동료들과 함께 점심을 먹는 시간은 서로 가까워지기 좋은 기회인데 혼자 사무실에 남아 있자니 본의 아니게 썰렁하다. 평소 외식으로 점심 먹을 때의 양보다는 적은 탓에 덜 먹은 느낌이 들 수도 있다. 이런 때는 자연히 간식이 생각나기도 한다. 도시락으로 그날의 점심을 마무리하기 위해서는 혼자만의 식사 규칙을 만들어두면 좋다.

평소 식사 후에 동료들과 커피나 녹차를 마신 다음 이를 닦는다면 도시락을 싸온 날의 식후 스케줄도 동일하게 한다. 식사 후의 마무리를 정해놓으면 외식을 하건 도시락을 싸건 식사의 양이 많든 적든 간에 식사를 마무리했다는 의식을 가지게 된다. 자연적으로 식후에도 뭔가 더 먹고 싶다는 생각이 나지 않게 되는 것이다.

회사 냉장고에
두고 먹는
저칼로리 샐러드 소스

채소와 잘 어우러지는 옥수수드레싱

믹서에 옥수수 통조림 1/2통, 올리브 오일 2큰술, 식초 1작은술, 올리고당 1큰술, 소금 약간을 넣고 간다.
기호에 따라 아몬드나 땅콩을 갈아 넣으면 더욱 좋다.

담백한 두부두유소스

생식용 두부 1/2모와 두유 1개를 믹서로 간다.
묽기는 취향에 따라 두유의 양으로 조절한다.

입맛 돋우는 레몬소스

올리고당 1큰술, 마늘 다진 것 1작은술, 올리브 오일 1큰술을 넣고 섞은 후
마지막에 레몬 1/2개를 짜서 즙만 넣어 섞는다.

톡 쏘는 맛의 머스터드소스

머스터드소스 2큰술과 양파 다진 것 1큰술에 레몬 1/2개를 짜서 즙을 내어 섞는다.

한식과 잘 어울리는 간장소스

간장 1큰술과 식초 1큰술에 물을 1큰술 섞어 새콤한 맛을 낸다.
땅콩을 믹서에 갈아 섞으면 고소한 맛이 꽤 잘 어울린다.

고소한 맛의 두유올리브소스

고소하고 달콤한 두유에 올리브 오일을 섞은 후 식초를 약간 넣어 소스의 질감을 낸다.
두유와 올리브 오일의 비율은 1:1로 한다. 소금과 레몬즙을 약간 넣으면 감칠맛이 난다.

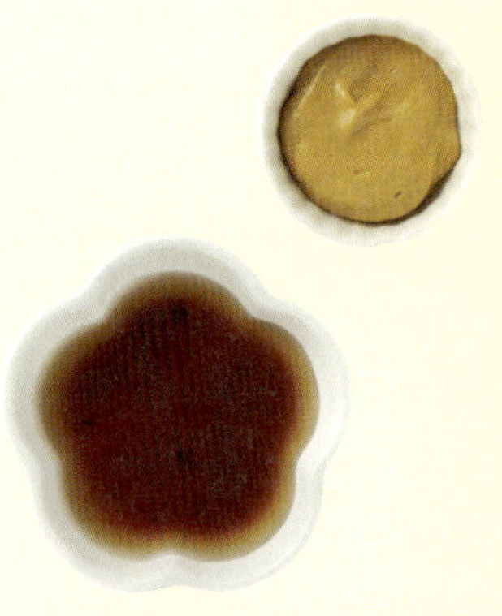

시원하고 새콤한 딸기무즙드레싱

무 1/4개를 사각으로 잘게 썰어 딸기 2개와 올리브 오일 2큰술을 넣고 믹서에 갈면
시원하고 새콤한 드레싱이 된다. 레몬즙을 약간 넣으면 새콤한 맛을 더한다.

아몬드마요네즈

아몬드 간 것 1/2컵과 물1/2컵, 소금 1작은술, 설탕 1작은술, 머스터드 1작은술,
레몬즙 3큰술을 믹서에 넣고 간 다음 올리브 오일을 천천히 부어 부드러운 질감이 될 때까지 간다.
농도는 물을 부어 조절한다.

두부와 어울리는 오리엔탈드레싱

올리브 오일 2큰술, 물 3큰술, 식초 1큰술, 간장 1큰술, 올리고당 2큰술, 다진 마늘 1작은술,
참기름 1작은술, 통깨 1큰술을 믹서에 넣어 잘 섞는다. 시판 오리엔탈드레싱의 맛과 비슷하다.

사회생활하는 사람이
회식에 어떻게 빠지나!

회식은 직장생활의 뜨거운 감자다. 퇴근 후에도 상사와 동료 들과 어울리는 게 업무의 연장 같아 손해 보는 느낌이다. 하지만 달리 생각해볼 수도 있다. 사무실에서 긴장되고 불편했던 동료 간의 커뮤니케이션은 회식에서 한결 자연스럽다. 식사와 반주를 겸하며 "그건 별일 아니었지 허허" 하고 나면 해답을 알 수 없던 어려운 숙제가 한순간 풀리는 느낌이다. 마음이 한층 가벼워지고 나면 '회사생활에 회식이 없다면 업무의 스트레스가 더하지 않을까' 하는 생각마저 든다. 게다가 맛있는 음식과 함께하지 않는가. 직원들끼리 더치페이하는 날도 있지만 상사가 법인카드로 계산을 하거나 누가 한턱이라도 낸다면 마음은 한층 푸근하다.

하지만 과식을 하지 않기로 마음먹었거나 술을 그만 먹거나 채식을 시작하는 경우라면 어떻게 해야 할까. 일단 회식자리는 함께하는 것이 좋다. 다이어트 때문에 동료들과의 사교를 끊을 수는 없는 법. 회식자리는 지키되 식습관의 규칙은 그대로 지켜나가는 것이 중요하다. 다이어트를 하면서도 회식자리에서 좋은 동료로 인식되는 방법은 서빙 담당이 되는 것이다. 고깃집을 예로 들면 고기를 굽거나 음식을 나르는 일을 자진해서 하는 것이다. 불판 위의 고기를 구워 자르고 동료들의 접시에 담아주는 아주 친절한 동료가 되어보자. 이렇게 하면 본인이 먹는 속도는 자연적으로 느려지기 때문에 적게 먹어도 포만감이 든다. 물론 동료들 사이에서는 매너 좋은 사람으로 인식되어 호감도는 상승한다. 회식자리에서 당번이 되는 건 후배가 하는 일이라 생각할 수도 있지만 호감 가는 동료가 되는 동시에 다이어트에도 성공할 수 있다면 해볼 만한 일이다.

당번이 되는 것 외에도 다이어트에 도움이 되는 방법은 또 있다. 음식이 나오기 전과 술을 마시기 전에 물을 한 잔 마시는 것이다. 물 한 잔을 마시면 공복을 채워 식사량이 줄어들고 체내의 신진대사가 활발해진다. 그러고 나서 이후의 회식자리까지 통틀어 자신의 적정량을 감안해가며 먹어야 한다. 보통 고깃집에 가면 고기를 다 먹은 후 식사를 서로 권한다. 이미 배가 부른 상태지만 적은 양의 식사라고 하니 너도나도 먹게 마련이다. 고기를 먹을 때 먼저 식사를 할지, 한다면 무엇을 할지 미리 염두에 두는 것이 좋다. 그렇게 함으로써 고기의 양을 미리 짐작해 과식하지 않을 수 있기 때문이다. 이후의 술자리에서 먹을 안주의 양도 생각해야 한다. 1차에서 배가 너무 부르다면 그날은 어김없이 과식을 하는 날이다.

고기를 구워 먹는 숯불구이집에서 과식을 하지 않기 위해 노력하던 사람들도 수육이나 보쌈을 먹을 때는 방심하는 경우가 많다. '이건 지방을 쏙 뺀 고기라 괜찮아' 하고 생각하며 양을 의식하지 않고 먹게 된다. 하지만 수육이나 보쌈을 먹으면서 흔히들 갖게 되는 이러한 생각은 일종의 위안일 뿐이다. 돼지고기를 끓는 물에 삶거나 익힌다고 지방이 빠지지는 않는다. 고기를 삶거나 익히는 과정에서 빠지는 지방 조직은 전체 지방의 1% 정도에 불과하다. 지방이 없는 고기를 먹는 확실한 방법은 하얀 부위를 칼로 도려내거나 지방 조직이 없는 붉은색 살코기를 먹는 것이다. 이런 부위는 부드럽지 않고 다소 뻑뻑한 느낌이 들기는 한다. 하지만 모두 다 가질 수는 없는 노릇 아닌가?

고깃집에서 고기 거절해봤나요

고기를 덜 먹는 것이야 어느 정도 장단을 맞추어가며 속도를 늦추면 되지만 아예 채식을 결심한 경우라면 이야기가 조금 다르다. 회식자리의 훈훈한 분위기로 동료애가 최고에 이른 상태이기 때문에 고깃집에서 고기를 마다하고 있는 당신을 본다면 어디 아픈 것은 아닌지, 고민거리가 있는지 다들 걱정하기 마련이다. 이럴 때는 일단 현재 다이어트 혹은 채식 중이라고 확실하게 커밍아웃을 한다. '한약 먹는 중'이라는 핑계가 차라리 쉽다고 여길지 모르지만 그것의 유효기간은 한 달뿐이다. 한 달 후면 약 다 먹었으니 고기 먹으라고 할 것이 분명하다.

가장 좋은 방법은 처음부터 왜 고기를 안 먹는지에 대한 이유를 설명하는 것이다. 그러고 나서 상대가 편한 마음을 가질 수 있도록 불판 위의 고기를 뒤집어주기도 하고 술도 따라주곤 한다. 그러면 술자리에서 사람들과 자연스럽게 어울리게 되고 이야기도 많이 하게 되어 회사생활이 한결 부드러워진다. 고기 굽는 일을 자처하니 여자들에게는 매너남으로 불리기도 한다. 물론 오이나 당근을 먹으면서 빈속에 고기를 굽는 건 정신수양에 가까운 일이니 미리 된장찌개 같은 식사를 시켜서 속을 든든하게 하는 것이 우선이다.

회식자리는 1차로 끝나지 않고 그 후의 술자리로 이어진다. 몇 차로 이어지는 회식자리라도 그 모든 것을 한 끼니로 생각해 먹는 양을 조절하는 것이 중요하다. 저녁의 회식만큼은 칼로리를 따져가며 먹어야 과식할 여지를 줄일 수 있다.

마지막으로 간 음식점에서 요리를 먹을 때는 그날 밤 몇 시에 잠자리에 들지를 예상하고 먹는다. 마지막 자리를 파하고 집으로 들어가는 시간이 1~2시간 내라면 많은 양의 음식을 먹는 것은 좋지 않다(당연한 이야기지만 이러한 습관은 평소 저녁식사 시간이 불규칙한 직장인에게 아주 중요한 이야기다. 배가 부른 상태에서 잠자리

tip

술 마실 때 가져가면
좋은 안주

● 채식진미포
● 사각 다시마
● 김
● 영양갱
● 맛밤
● 땅콩
● 아몬드

에 드는 것은 좋지 않다는 것을 기억하자). 가벼운 과일 안주나 샐러드, 견과류 등의 안주를 먹는다. 많은 양이 아니라 오래 씹고 그 자리가 지루해지지 않을 정도의 양으로 정한다. 입에 부드러운 음식보다는 딱딱하고 먹기 불편한 안주가 도움이 된다. 껍질을 까서 먹어야 하는 땅콩이나 호두 등의 마른안주류가 좋은 예다.

뷔페에서 본전 뽑는 건 손해라고요

'오늘은 뷔페에 가고 싶다'라고 생각하는 직장인들이 얼마나 될까? 먹는 게 부족했던 예전에야 뷔페에서 배부르게 먹고 오는 게 친구들에게 자랑거리였지만 요즘은 다르다. 가고 싶어서 가는 뷔페보다는 어쩔 수 없이 뷔페 식당으로 향하는 일이 많다. 결혼식, 돌잔치, 회갑연 등 사회생활의 경력만큼 뷔페 출입 횟수도 잦다. 크게 밥 생각이 없어도 뷔페 식당 문 앞에서 식탐이 생기는 것은 마치 파블로프의 조건반사와 같다. 본전을 뽑겠다는 생각이 늘 과식을 부른다. 하지만 과식은 우리 몸에 그 어떤 좋은 영향도 끼치지 않으므로 뷔페에서 본전을 뽑는 일은 오히려 우리 몸에 해를 가져오니 결과적으로는 손해다. 뷔페는 먹을 수 있는 만큼 먹는 곳이 아니라 먹고 싶은 음식을 골라 먹을 수 있는 곳이라 생각하는 편이 현명하다.

물론 이렇게 자기최면을 하더라도 뷔페에서 덜 먹은 느낌으로 나오면 섭섭하다. 모자라지 않게 먹어서 손해 본 느낌 없이 뷔페 식당을 나서는 것이 후회가 없다. 물론 방법은 있다. 배부르게 먹고도 과식하지 않는 방법은 접시를 들기 전 일단 뷔페를 한번 둘러보는 것이다. 접시를 들고 뷔페를 돌기 시작하면 무의식적으로 차례차례 음식을 담기 시작하기 때문에 첫 접시부터 음식의 양이 많아진다. 뷔페에 어떤 음식이 준비되어 있는지, 가장 신선한 요리는 무엇인지, 좋아하는 메뉴는 얼마나 있는지 한번 둘러보는 것이 좋다. 그러는 동안 어떤 음식을 먹을지 계획하게 되어 무의미하게 배만 채우는 것이 아니라 먹고 싶은 음식을 다양하게 먹을 수 있다.

두 번째는 접시를 꽉 채우지 말라는 것이다. 한 접시에 샐러드, 고기, 생선, 면 요리까지 가득 담은 접시는 콘셉트가 전혀 없는 정체불명의 음식 접시일 뿐이다. 접시를 가득 채우지 않고 한두 요리를 먹음직스럽게 담아 천천히 요리를 즐긴다. 접시에 가득 담지 않고 여러 번 움직이면 사람들은 참 많이 먹는다고 생각하지만 실은 그렇지 않다. 많이 움직일수록 과식할 여지는 적다. 음식을 천천히 먹게 되어 포만감이 느껴지기 때문이다. 그렇다고 다른 사람들보다 먼저 '이제 그만'을 외치지 않으니 뷔페에서 다이어트하는 얌체도 아니다.

세 번째는 칼로리가 낮은 음식부터 접시에 담는 것이다. 배가 고플 때는 어쩔 수 없이 빨리 먹게 되고 많이 먹게 된다. 배가 부르다는 느낌은 식후 20분 후부터 오기 때문에 처음에는 칼로리가 낮은 음식을 먹은 뒤 고칼로리의 음식을 먹게 되면 섭취하는 전체 칼로리는 순서가 바뀐 경우에 비해 높지 않다. 이는 뷔페가 아닌 다른 외식을 할 때도 마찬가지다. 음식이 한꺼번에 나오지 않는 요리를 먹을 때는 채소 위주의 샐러드, 찜 요리 등의 저칼로리 요리를 먼저 주문하고 튀김 같은 고칼로리는 마지막에 주문하는 습관을 들이는 것이 좋다.

또 한 가지 중요한 팁은 천천히 먹을 수 있는 요리를 고르는 것이다. 포만감을 느끼기 위해서는 천천히 먹는 것이 가장 좋은 방법이다. 그러기 위해서는 먹기에 불편한 재료를 선택하면 좋다. 속살을 발라 먹어야 하는 꽃게 요리, 가시가 많은 생선이나 껍질을 벗겨야 하는 밤 요리 같은 것이 좋다. 야채비빔밥이나 국수처럼 직접 메뉴를 담아야 할 때는 탄수화물이 많은 면이나 밥보다는 채소를 많이 담으면 자연히 칼로리를 낮출 수 있다.

마지막으로 그간 마음 놓고 먹었던 샐러드를 한번 짚어볼 필요가 있다. 샐러드는 살이 찌지 않으니까 괜찮을까? 드레싱으로 범벅하지 않았다면 많이 먹어도 좋다. 하지만 마요네즈나 설탕이 들어간 드레싱은 칼로리가 높은 샐러드다. 샐러드는 드레싱이 없을 때 저칼로리라는 사실을 기억하자. 만약 우유나 계란을 먹지 않는 철저한 채식을 실천하고 있다면 두유로 만든 채식마요네즈를 빈 약병에 담아가면 일반 뷔페에서도 채소를 많이 먹을 수 있다(저칼로리 샐러드 소스의 자세한 내용은 109p 참조).

• 재료는 넉넉하게 만든 1인분 기준으로 성인 남성이 먹어도
  배가 든든한 정도의 양이며 밑반찬의 분량은 이틀 정도 먹을 수 있는 양입니다.

표고버섯주먹밥 ✚ 아스파라거스볶음 ✚ 땅콩조림

표고버섯주먹밥

현미밥 1공기, 표고버섯 5개, 간장 1큰술, 설탕 약간, 다진 마늘 1/2작은술, 배합초(식초 1½큰술, 소금 1/2작은술, 설탕 2작은술)

1   표고버섯은 기둥을 떼고 물기를 닦아낸 후 곱게 채썬다.
2   채썬 버섯에 설탕과 간장을 넣고 양념하여 살짝 볶아낸다.
3   식초와 설탕, 소금을 섞은 후 살짝 끓여 배합초를 만든다.
4   넓은 그릇에 밥을 담고 뜨거울 때 배합초를 넣어 고루 버무린다.
5   초밥에 표고버섯을 넣고 고루 섞은 후 먹기 좋은 크기로 주먹밥 모양을 만든다.

아스파라거스볶음

아스파라거스 5대, 소금, 후추 약간, 올리브 오일 1작은술

1   아스파라거스는 밑동을 잘라내고 감자칼로 껍질을 벗긴 후 씻어 3등분한다.
2   끓는 물에 소금을 약간 넣고 아스파라거스를 데쳐서 찬물에 헹궈 물기를 없앤다.
3   달군 팬에 올리브 오일을 두르고 아스파라거스를 볶다가 소금과 후추로 간을 한다.

땅콩조림

땅콩(생땅콩 혹은 볶은 땅콩) 1컵, 간장 1½큰술, 맛술 1큰술, 청주 1큰술, 설탕 1/2큰술, 꿀 1/2큰술, 검은깨 2작은술, 물 1/3컵

1   땅콩은 속껍질째 5분 정도 삶아 떫은맛을 빼낸다.
2   냄비에 간장, 맛술, 청주, 설탕을 넣고 보글보글 끓이다가 땅콩을 넣고 중간 불에서 조린다.
3   국물이 거의 졸아들면 꿀을 넣고 한 번 더 조린 후 마지막에 검은깨를 넣고 버무린다.

검정콩현미밥 ✚ 양배추쌈과 고추장볶음 ✚ 곤약두부무침 ✚ 쌀로 만든 너비아니

양배추쌈과 고추장볶음

양배추 1/4통, 배즙 1/3컵, 참기름 1큰술, 고추장 1/2컵, 꿀 3큰술

1   양배추는 꼭지를 자르고 한 잎씩 떼어 흐르는 물에 깨끗이 씻는다.
2   손질한 양배추는 김이 오르는 찜통에 넣고 10분간 찐다.
3   냄비에 참기름을 두르고 고추장을 볶다가 배즙을 넣는다.
4   고추장이 풀떡풀떡 끓으면 주걱으로 가끔 젓다가 되직해지면 꿀을 넣어 섞은 뒤 약한 불에서
    10분 정도 저어가며 끓인다.

곤약두부무침

실곤약 1봉지, 두부 1/2모, 검은깨 1큰술, 소금, 통깨, 참기름 약간

1   실곤약은 체에 걸러 물기를 없앤 후 끓는 물에 넣어 데친다.
    데친 후에는 찬물에 살짝 씻어놓는다.
2   두부는 종이타월로 싸서 무거운 것을 올려 물기를 뺀 후 포크로 으깨거나
    면보에 싸서 으깬다.
3   그릇에 으깬 두부를 담고 참기름과 소금, 통깨를 넣어 손으로 조물조물 무친다.
4   양념한 두부에 데친 실곤약을 넣고 버무린 후 검은깨를 뿌려 그릇에 담는다.

tip 쌀로 만든 너비아니는 채식자를 위한 가공식품으로 한살림, 초록마을 등에서 구입할 수 있다.

콩나물밥 ✚ 고추된장무침

콩나물밥

현미 2/3컵, 콩나물 1/2봉지, 부추 썬 것 1/3컵, 물 1/2컵, 양념장(간장 1큰술, 설탕 1/2작은술,
다진 마늘 1/2큰술, 다진 파 1큰술, 참기름 1작은술, 고춧가루 1작은술, 통깨 1작은술)

1   현미는 씻어서 2~3시간 물에 불려 체에 쏟아 물기를 빼고 30분 정도 둔다.
2   콩나물은 뿌리가 긴 것은 잘라내고 손질해서 씻은 다음 물기를 뺀다.
    뿌리가 짧은 것은 잘라내지 않고 그대로 써도 된다.
3   밥솥에 쌀을 안쳐 밥을 짓는다. 뚜껑을 덮어서 불을 줄여 끓이다
    밥물이 잦아들면 콩나물을 넣고 뜸을 들인다.
4   부추는 흐르는 물에 씻어 1cm 길이로 짧게 썰어놓는다.
5   그릇에 분량의 양념장 재료를 넣고 섞는다.
6   콩나물밥과 썰어놓은 부추, 양념장을 곁들여 담아낸다.

고추된장무침

오이고추(혹은 풋고추) 7개, 된장 2큰술, 물엿 1큰술, 참기름 1큰술, 다진 마늘 2/3작은술, 통깨 약간

1   고추는 흐르는 물에 씻어 먹기 좋은 크기로 송송 썰어 씨를 대강 떨어낸다.
2   그릇에 된장, 물엿, 참기름, 다진 마늘, 통깨를 넣고 고루 섞는다.
3   양념이 준비되면 썰어둔 고추를 버무려낸다.

보리현미밥 ✚ 고구마흰콩조림 ✚ 고추소박이

고구마흰콩조림

고구마 1개, 흰콩 1/3컵, 간장 2큰술, 조청 1/2큰술, 참기름 약간

1 흰콩은 잡물을 골라내고 씻은 다음 미지근한 물에 담가 하룻밤 정도 불린다.
2 고구마는 씻어서 껍질을 벗겨 한입 크기로 썬 뒤 찬물에 20분 정도 담갔다가
   건져 물기를 닦는다.
3 냄비에 참기름을 두르고 고구마를 넣어 살짝 볶다가 콩을 넣는다.
4 콩이 익기 시작하면 물을 자작하게 붓고 간장과 조청을 분량대로 넣어
   섞은 다음 약한 불에서 조린다.
5 고구마와 콩이 무르게 익고 국물이 잦아들면 참기름을 넣고 살짝 버무려
   그릇에 담아낸다.

tip 조리는 도중에 너무 많이 저으면 고구마가 으깨지므로 바닥의 국물을 끼얹어가면서 살살 조린다.

고추소박이

풋고추 15개, 당근 채썬 것 1/2컵 , 부추 썬 것 1/2컵 , 무 채썬 것 1/2컵, 소금물(물 1컵, 굵은소금 2큰술),
고춧가루 3큰술, 설탕 1/2큰술, 다진 마늘 1큰술, 생강 1/2큰술, 소금 약간

1 풋고추는 씻어서 꼭지를 1cm 정도 남기고 잘라낸 다음 양끝을 1cm씩 남기고
   칼집을 길게 넣는다.
2 물에 굵은소금을 풀어 소금물을 만들고 고추를 담가 20분 정도 절인다.
3 부추는 씻어서 다듬어 1cm 길이로 썰고 당근과 무는 1cm 길이로 곱게 채썬다.
4 그릇에 무채, 당근채를 담고 설탕, 고춧가루, 다진 마늘을 넣고 버무린다.
   여기에 부추를 넣고 살살 버무려 약간 짠 듯하게 소금으로 간해 속을 만든다.
5 절인 고추는 물에 한 번 헹군 후 물기를 뺀 다음 칼집 넣은 곳에 속을 넣는다.

tip 고추소박이는 실온에서 하루 이틀 정도 익혀서 냉장고에 넣는다.

현미밥 ✚ 톳두부무침 ✚ 오이표고버섯볶음 ✚ 도토리묵조림

톳두부무침

두부 1/4모, 톳 1/2컵, 소금물(물 3컵, 소금 1큰술), 검은깨 1큰술, 소금, 통깨, 참기름 약간

1   톳은 깨끗이 씻어 굵은 줄기를 잘라내고 먹기 좋은 크기로 썬다.
2   끓는 소금물에 톳을 데친다. 톳이 부드러워지면 건져 찬물에 헹군 다음
    물기를 꼭 짠다.
3   두부는 종이타월로 싸서 무거운 것을 올려 물기를 뺀 후 포크로 으깨거나
    면보에 짜서 으깬다.
4   으깬 두부는 참기름, 소금, 통깨를 넣어 손으로 조물조물 무친다.
5   양념한 두부에 데친 톳을 넣어 골고루 무친다.

오이표고버섯볶음

오이 1개, 표고버섯 2개, 식용유 1/2큰술, 굵은소금 약간, 양념장(간장 1큰술, 다진 마늘 1작은술, 다진 파
1/2큰술, 설탕 1작은술, 후추 약간)

1   오이는 굵은소금으로 문질러 씻어 길게 썬 후 씨를 발라내고 모양대로 얇게 썬다.
2   썰어놓은 오이에 소금을 살짝 뿌려 10분 정도 절였다가 물기를 꼭 짠다.
3   표고버섯은 미지근한 물에서 20분 정도 불려 얇게 채썬다.
4   그릇에 분량의 양념장 재료를 섞은 후 표고버섯에 버무려 간한다.
5   팬에 식용유를 두르고 양념해놓은 표고버섯을 볶다가 표고향이 나면 썰어놓은
    오이를 넣고 볶는다.
6   오이가 볶아져 파랗게 되면 접시에 쏟아 넓게 펼쳐 식힌 후 그릇에 담아낸다.

도토리묵조림 요리법은 136p에 있습니다.

케일쌈밥 ✚ 단호박견과류조림 ✚ 새송이양념구이

케일쌈밥 요리법은 137p에 있습니다.

단호박견과류조림

단호박 1/6개, 새송이버섯 1개, 마른 표고버섯 3개, 물 1/2컵, 호두 3개, 잣 2큰술, 은행 10개,
소금, 식용유 약간, 조림장(간장 3큰술, 설탕 1/4컵, 표고버섯 불린 물 1/2컵, 꿀 3큰술, 계핏가루 약간)

1 새송이버섯은 손질하여 먹기 좋은 크기로 썬다.
2 마른 표고버섯은 물에 씻어 미지근한 물에 20분간 담가 불린 후 기둥을 떼고
   먹기 좋은 크기로 썬다. 표고버섯 불린 물은 조림장 만들 때 쓸 것이므로 잘 둔다.
3 단호박은 옆으로 빗듯이 껍질을 벗기고 한입 크기로 썬다.
4 호두는 반으로 갈라 딱딱한 막을 제거한 다음 끓는 물에 담갔다가 건져
   속껍질을 벗겨내고 다시 반 가른다.
5 잣은 고깔을 떼어낸 다음 살짝 씻어 건지고 은행은 식용유 두른 팬에 살짝 볶은 후
   마른 면보에 놓고 비벼 속껍질을 벗겨낸다.
6 냄비에 간장, 설탕, 표고버섯 불린 물을 분량대로 넣고 끓이다가 반으로 졸아들면
   꿀과 계핏가루를 넣어 섞는다.
7 조림장에 견과류와 버섯을 모두 넣고 뒤적여가면서 끓이다가 불을 낮춰
   윤기가 나도록 은근히 조려낸다.

새송이양념구이

새송이버섯 2개, 식용유 약간, 양념장(간장 2작은술, 설탕 1/2작은술, 다진 마늘 1/2작은술,
다진 파 1작은술, 참기름 1/4작은술, 후추 약간)

1 새송이버섯은 밑동을 잘라내고 씻어서 물기를 제거한 다음 길이로 5등분한다.
2 달군 팬에 식용유를 약간 두르고 버섯을 굽는다.
3 분량의 재료를 섞어 만든 양념장을 버섯에 발라가며 굽는다.

현미밥 ✛ 두부볶음 ✛ 오이미역초회 ✛ 오이소박이 ✛ 콩나물냉국

두부볶음

두부 1모, 들기름 1큰술, 홍피망 1/2개, 양념장(실파 1뿌리, 마늘 2쪽, 들기름 1큰술, 간장 1큰술,
소금, 설탕, 후추 약간, 물 1/2컵), 참기름 1/2작은술

1 두부는 마른 면보에 싸서 살짝 눌러 물기를 뺀 다음 사방 2cm 크기로 깍둑썬다.
   팬에 들기름 1큰술을 두르고 두부를 지져낸다.
2 홍피망은 꼭지를 떼어내고 반으로 갈라 씨를 떨어낸 다음 흐르는 물에 씻어서 잘게 썬다.
   실파는 송송 썰고, 마늘은 다진다.
3 달군 팬에 들기름을 두르고 마늘, 실파, 홍피망을 넣고 볶는다.
   재료가 어느 정도 볶아지면 소금과 설탕, 후추를 약간 넣어 간을 맞춘다.
4 팬에 분량의 양념장 재료와 두부를 넣고 끓이다가 중간 불로 낮춰 은근하게 조린다.
5 국물이 자작해지고 재료가 잘 어우러지면 참기름을 넣어 살짝 버무린다.

오이미역초회

오이 1/2개, 물미역 1/2컵, 무순 약간, 일본식 간장소스(식초 1½큰술, 소금 1/2작은술, 설탕 2작은술, 간장 2큰술)

1 미역은 끓는 물에 데친 후 찬물에 헹구어 물기를 떨어낸 다음 3cm 길이로 썬다.
2 오이는 소금을 문질러 씻어 어슷썰기한다. 소금물에 5분간 절인 후 물기를 꼭 짠다.
3 무순은 밑동을 잘라 찬물에 담가둔다.
4 분량의 재료를 섞어 일본식 간장소스를 만든다.
5 오이와 미역, 무순을 그릇에 담고 간장소스를 곁들여낸다.

오이소박이 요리법은 136p에 있습니다.

콩나물냉국 요리법은 137p에 있습니다.

톳밥 ✚ 통더덕양념구이 ✚ 밤조림 ✚ 호박된장볶음

톳밥

현미 1½컵, 톳 2/3컵, 마른 표고버섯 3개, 양념장(간장 3큰술, 다진 마늘 1/2작은술, 통깨 1작은술, 참기름 1/2작은술, 고춧가루 약간)

1 톳은 깨끗이 씻어 굵은 줄기를 잘라내고 먹기 좋은 크기로 썬다.
2 표고버섯은 10분 정도 미지근한 물에 불려 물기를 꼭 짜고 얇게 썰어놓는다.
3 3시간 정도 불린 현미를 뚝배기에 담고 그 위에 톳과 표고버섯을 올려 밥을 짓는다.
4 뚝배기에 밥을 할 때 처음에는 센 불에서 끓이다가 끓어오르면 약한 불에서 끓인다.
   물기가 없어지면 불을 끈 후 뚜껑을 덮어 뜸을 들인다.
5 분량의 재료를 섞어 양념장을 만든 후 톳밥과 함께 곁들여낸다.

통더덕양념구이

통더덕 10개, 간장 1작은술, 참기름 1작은술, 실파, 통깨 약간, 양념장(간장 1큰술, 고추장 1큰술, 설탕 1/2큰술, 다진 마늘 1큰술, 참기름 1/2큰술)

1 껍질을 벗긴 통더덕은 길이로 반 잘라 젖은 면보에 싼 다음 방망이로 두들겨 부드럽게 만든다.
2 더덕에 간장과 참기름을 섞어서 만든 기름장을 발라 팬에 굽는다.
3 그릇에 분량의 양념장 재료를 넣고 섞는다.
4 더덕이 익어서 부드러워지면 양념장을 앞뒤로 두세 번 발라가며 굽는다.
5 구운 더덕을 한 김 식혀 3cm 길이로 썰어 통깨와 송송 썬 실파를 얹는다.

밤조림

밤 8개, 간장 1작은술, 꿀 2큰술, 물 1½컵, 소금 약간

1 밤은 속껍질까지 벗긴 다음 끓는 물에 소금을 살짝 넣어 삶는다.
2 냄비에 간장과 물, 소금 1/3작은술을 넣어서 끓으면 밤을 넣고 조린다.
3 국물이 자작해지면 꿀을 넣고 버무려 국물이 거의 없어질 때까지 윤기가 나도록 조린다.

호박된장볶음 요리법은 137p에 있습니다.

일본식 초밥 ✚ 발사믹표고구이 ✚ 단무지무침

일본식 초밥

현미 1컵, 물 2컵 정도(불린 쌀의 1.3배), 다시마(10×10cm) 1장, 무순 1/2팩, 김 1/3장,
배합초(식초 2큰술, 설탕 2/3큰술, 소금 1작은술)

1   현미는 3시간 정도 불린 후 다시마 1장을 넣어 밥을 앉힌다.
2   무순은 밑동을 잘라 찬물에 10분간 담가둔다. 김은 1×7cm 크기로 잘라둔다.
3   냄비에 분량의 배합초 재료를 섞어 설탕이 녹을 정도만 끓여준다.
4   밥이 완성되면 다시마는 건져내고 만들어둔 배합초를 넣어 밥알에 간이 배도록 고루 섞는다.
5   초밥이 한 김 식으면 한 입씩 먹기 좋은 크기로 작은 주먹밥을 만든다.
6   주먹밥에 무순을 올리고 김띠를 둘러 도시락통에 담는다.

tip 밥에 배합초를 섞을 때 주걱을 세워서 섞으면 밥알이 으깨어지지 않는다.

발사믹표고구이

표고버섯 4개, 올리브 오일 1큰술, 발사믹 식초 1큰술, 소금, 후추 약간

1   표고버섯은 흐르는 물에 깨끗이 씻은 후 밑동을 잘라내고 1/4크기로 썰어놓는다.
2   팬에 올리브 오일을 두르고 표고버섯을 볶다 센 불에서 발사믹 식초를 넣고 재빨리 볶아낸다.
    마지막에 소금과 후추를 넣고 불을 끈다.

단무지무침

단무지 50g, 고춧가루 1작은술, 식초 1큰술, 송송 썬 실파 1작은술, 참기름 1/2작은술, 설탕, 통깨 약간

1   단무지를 흐르는 물에 씻어 반달 모양으로 썬 다음 물에 헹궈 물기를 꼭 짠다.
2   단무지에 고춧가루와 식초, 설탕, 실파, 참기름, 통깨를 넣고 조물조물 무쳐낸다.

완두현미밥 ✚ 우엉고추볶음 ✚ 다시마조림 ✚ 단호박찜

우엉고추볶음

우엉 1대, 홍고추 1개, 풋고추 2개, 식초 1큰술, 조림장(간장 3큰술, 맛술 2큰술, 설탕 1/2큰술), 물엿 1큰술, 통깨 약간

1　우엉은 껍질을 벗기고 3cm 길이로 토막내어 채썬다.
2　끓는 물에 식초를 넣고 채썬 우엉을 넣어 15분 정도 삶아 건진다.
　　삶아 건진 우엉은 찬물에 한 번 담가 신맛을 제거한다.
3　풋고추와 홍고추는 어슷썰기하여 씨를 대강 떨어낸다.
4　냄비에 기름을 두르고 홍고추를 넣어 볶다가 매운 향이 돌면 우엉을 넣는다.
5　우엉이 어느 정도 볶아지면 분량의 조림장 양념을 넣고
　　국물이 자작해질 때까지 조린다.
6　어느 정도 조려지면 풋고추와 물엿을 넣고 볶은 후 마지막에 통깨를 뿌려낸다.

다시마조림

불린 다시마 100g, 다시마 불린 물 1/4컵, 간장 1½큰술, 맛술 1큰술, 청주 1/2큰술, 설탕 1/2큰술, 물엿 약간

1　다시마는 찬물에 1시간 정도 불린 후 굵게 채썬다.
2　냄비에 간장, 맛술, 청주, 설탕, 다시마 불린 물을 붓고 보글보글 끓이다가
　　채썬 다시마를 넣고 조린다.
3　국물이 거의 다 졸아들면 물엿을 넣고 살짝 더 조려낸다.

단호박찜

단호박 1/4개

1　단호박은 반 잘라서 씨를 긁어낸 다음 3cm 너비로 썬다.
2　도마에 단호박을 뉘어놓고 칼날을 비스듬히 세워 껍질을 벗긴다.
3　김이 오른 찜통에 면보를 깔고 단호박을 얹어서 10~13분 정도 찐다.
　　꼬치로 찔러보아 쑥 들어가면 불을 끄고 뚜껑을 열어서 식힌다.

도토리묵조림

말린 도토리묵 1컵, 마른 고추채 약간, 통깨 1작은술, 참기름 1/2큰술, 조림장(물 3큰술, 간장 1큰술,
다진 파 1/2작은술, 다진 마늘 1작은술, 설탕 1작은술)

1   도토리묵을 1x4cm 크기, 1cm 두께로 썰어서 햇볕에 말린다.
    꼬들꼬들하게 될 때까지 뒤적여가면서 2~3일 정도 말리면 적당하다.
2   말린 도토리묵은 물에 한 번 씻은 다음 미지근한 물에 30분 정도 담가 불린다.
3   조림장의 모든 재료를 분량대로 준비하여 냄비에 넣고 끓인다.
4   조림장이 끓어오르면 도토리묵을 넣어 양념이 속까지 배도록 조림장 국물을
    끼얹어가며 중간 불에서 은근히 조린다.
5   도토리묵이 꼬들꼬들하게 조려지면 참기름을 넣어 고루 버무린 다음
    마른 고추채와 통깨를 뿌려낸다.

tip 말린 도토리묵은 일반 도토리묵에 비해 쫄깃쫄깃하여 씹는 맛이 좋고 포만감이 오래가서
도시락 반찬으로 제격이다. 말린 도토리묵은 시판하는 것을 사용해도 되지만 직접 말려두었다가
사용하는 것이 맛과 경제적인 면에서 더 낫다. 시판 말린 도토리묵은 30분 정도 불린 후
끓는 물에 10분 정도 삶아 사용한다.

오이소박이

오이 5개, 물 3컵, 굵은소금 1/3컵, 오이속(부추 썬 것 2/3컵, 고춧가루 4큰술, 설탕 3큰술, 다진 마늘 2큰술)

1   오이는 굵은소금으로 문질러 씻어 4cm 길이로 썬 다음 가운데 십자로 칼집을 넣어
    소금물에 담가 30분 정도 절인다.
2   오이 절인 것을 한 번 씻어서 체 위에 겹치지 않게 펴놓고 팔팔 끓인 뜨거운 물을
    서너 번 끼얹는다.
3   부추는 다듬어 씻어서 1cm 길이로 썬다.
4   그릇에 부추를 담고 고춧가루, 설탕, 다진 마늘을 넣고 살살 섞어 오이속을 만든다.
5   오이의 칼집 넣은 곳에 속을 채워넣어 통에 담고 실온에서 하루 이틀 정도
    익혔다가 냉장고에 넣는다.

케일쌈밥

밥 1공기, 케일잎 8장, 소금 1/2작은술, 참기름 1작은술, 통깨 약간

1 케일은 흐르는 물에 씻어둔다.
2 현미밥은 고슬고슬하게 지어 뜨거울 때 참기름과 통깨를 넣어 고루 섞어놓는다.
3 케일은 끓는 물에 소금을 약간 넣고 데쳐서 찬물에 헹궈 물기를 꼭 짠 다음
  잎 뒤쪽의 굵고 질긴 줄기를 저며낸다.
4 양념한 밥을 한입 크기로 뭉쳐서 데친 케일로 싸고 쌈장을 곁들여낸다.

콩나물냉국

콩나물 1/4봉지, 다시마(10×10cm), 대파 1/3대, 다진 마늘 1작은술, 홍고추·풋고추 1/2개씩, 소금 약간, 물 2½컵

1 콩나물은 기호에 따라 꼬리를 떼어내 손질하고 고추와 대파는 어슷썰기한다.
2 손질한 콩나물은 흐르는 물에 씻어 체에 밭쳐둔다.
3 냄비에 물을 담고 다시마를 넣어 끓기 시작하면 5분 후 불을 끄고 건져낸다.
4 한 김 식으면 씻은 콩나물과 고추, 다진 마늘을 넣어 뚜껑을 덮고 끓인다.
5 콩나물이 익으면 소금으로 간하고 대파를 넣고 불을 끈다.
  기호에 따라 청양고추, 또는 고춧가루를 넣어도 좋다.

호박된장볶음

애호박 1/3개, 양파 1/4개, 새송이버섯 1/2개, 된장 1큰술, 물 1/3컵, 다진 마늘 1/2큰술, 참기름 1작은술

1 양파와 애호박, 새송이버섯은 0.5×0.5cm 크기로 깍둑썰기한다.
2 달군 뚝배기에 참기름을 두르고 된장을 넣어 볶다가 물을 붓고 끓인다.
3 국물이 끓어오르면 양파와 호박, 버섯을 넣어 볶는다.
4 채소가 익으면 다진 마늘을 넣고 한 번 더 볶는다.

균형 잡힌 직장생활을 위한 현미채식자 되기

현미채식이 좋은 것은 알지만 평생 심심한 맛으로 살아야 할까?
현미채식은 맛이 없을 것이라는 편견은 잊어도 좋다.
고슬고슬 맛있는 현미밥과 다양한 풍미를 가진 채식의 세계는 무궁무진하다.
가볍고 건강한 몸을 만들어가는 현미채식자의 노하우를 담았다.

집에서 하는 식사를
현미식으로 바꾼다

현미가 좋다고는 들어봤지만 현미가 정확히 무엇을 말하는지 모르는 사람들이 많다. 현미는 우리가 늘 먹는 흰쌀에서 씨눈을 제거하지 않은 상태의 쌀을 말한다. 쌀농사의 과정을 간략하게 이야기하면 이해가 더 쉬울 것이다. 초여름에 뿌린 볍씨는 여름 내내 자라 가을에 추수를 한다. 논밭에서 막 추수한 상태를 벼라고 하는데 이 벼의 껍질을 한 번 깎아내면 검푸른 색깔의 순수한 알맹이가 나온다. 이것이 바로 현미다. 현미를 한 번 더 깎으면 속껍질과 씨눈을 제거한 상태가 되는데 이것은 우리가 흔히 알고 있는 흰쌀, 즉 백미다. 현미는 도정의 과정을 거치지 않았기 때문에 0분도미에 해당하며 도정의 정도에 따라 5분도미, 7분도미, 그리고 마지막으로 10분도미인 백미가 된다. 백미는 도정을 여러 번 거쳐 속껍질과 씨눈이 완전히 제거되었기 때문에 밥을 지었을 때 부드럽고 씹기에 아주 좋다. 이에 반해 현미는 밥을 했을 때 누런 빛깔이 돌며 씨눈과 속껍질로 인해 거칠고 까슬까슬한 것이 특징이다.

현미 전체를 100%로 보았을 때 속껍질과 씨눈이 8%를 차지하고 있는데 그 8%가 현미와 백미의 엄청난 차이를 가져온다. 백미에는 없는 현미의 8%에 중요한 영양소들이 응축되어 있는 것이다. 현미가 싹을 틔우는 것만 보아도 그렇다. 현미는 적정한 수준의 습도와 온도, 그리고 햇빛을 주면 싹을 틔운다. 현미 자체가 하나의 씨앗이며 온전한 식물체로서 영양분을 응축하고 있는 알갱이인 것이다. 그렇다면 백미는 어떨까? 똑같은 조건에 백미를 두면 싹을 틔우지 못하고 그대로 썩어가는 것을 발견할 수 있다. 백미에는 생명을 만들어낼 수 있는 영양 성분이 부족하거나 없기 때문이다.

밥만 바꾸어도 체중이 변한다

영양적으로 보자면 현미의 속껍질과 씨눈에는 단백질과 미네랄, 섬유질, 비타민 등이 풍부하다. 배유에 많이 들어 있는 탄수화물의 함량은 크게 차이가 나지 않기 때문에 현미 100g은 359kcal, 백미는 340kcal로 열량 차이도 크게 나지 않는다. 그럼에도 불구하고 현미밥으로 바꾼 뒤 다이어트 효과를 보는 경우는 허다하다. 백미밥은 씹기 좋고 부드러워 많은 양을 먹기 쉽지만 현미밥은 까슬까슬하고 씹히는 맛이 있어 백미보다 오래 씹어야 한다. 음식을 먹는 시간이 길기 때문에 자연히 포만감이 생겨 백미에 비하면 많은 양을 먹기 어렵다. 밥 한 공기 뚝딱이라는 말은 부드럽게 씹히는 백미에만 해당하는 말이다. 현미밥을 먹으면 뇌에서 느껴지는 포만감뿐만 아니라 실제로 배가 부르다. 그 비밀은 현미 속의 섬유질에 있다. 현미에는 섬유질이 많이 들어 있는데 섬유질은 원래 수분을 흡수한 후 그 수분을 붙잡고 있는 성질이 있어 오래 씹을수록 부피가 커지기 때문에 뱃속에서도 오래도록 포만감이 든다. 때문에 현미밥을 배부르게 먹었다고는 해도 실제로 섭취하는 칼로리의 양은 백미에 비해 많지 않기 때문에 자연스럽게 다이어트 효과를 얻을 수 있다. 뿐만 아니라 현미식으로 체중을 줄인 경우 중성지방 함량을 낮추고 혈압을 낮추는 효과가 있어 현미는 건강식 중에서도 으뜸으로 꼽힌다.

현미, 어떻게 고를까

모든 농산물이 그러하듯 현미 역시 생산 방법이나 유통 과정에 따라 종류와 값이 다르다. 백미와 마찬가지로 제초제와 화학비료를 이용하여 생산한 쌀은 일반미, 화학비료를 권장량의 1/3 이내로 적게 쓰고 농약을 치지 않은 쌀을 무농약 쌀이라고 한다. 이들을 일체 사용하지 않은 쌀은 유기농 쌀이다. 가격은 당연히 유기농 현미가 가장 비싸며 건강에 좋다. 가장 좋은 쌀을 선택하는 것이 좋지만 가격을 함께 고려해야 하므로 개인적인 선택으로 맡기고 그 외 체크해야 할 사항들을 보면 다음과 같다. 포장지에는 도정 날짜가 찍혀 있으니 이를 확인하여 도정 직후의 현미를 고르는 것이 좋다. 한 번에 많은 양을 구입하지 말고 한두 달 먹을 양만을 구입해 차고 건조하고 어두운 곳에 보관한다. 습기가 많고 더운 여름이라면 냉동실이나 냉장고에 보관하는 것이 안전하다.

현미를 고르려고 보면 현미와 찹쌀 현미 두 가지가 있어 무엇을 고를지 고민하게 된다. 일반 현미(멥쌀 현미라고도 한다)와 찹쌀 현미는 영양에는 차이가 없으며 찰기가 있느냐 없느냐에 따라 달라진다. 보통 멥쌀 현미와 찹쌀 현미를 반반씩 섞어 먹으면 적당히 차진 맛을 느낄 수 있다.

시중에는 현미라고는 하지만 진정한 현미가 아닌 경우도 있다. 밥을 지으면 거칠지 않고 부드럽게 넘어간다. 원래 현미는 벼의 겉껍질만 벗겨낸 상태이기 때문에 속껍질이 붙어 있고 씨눈이 보전되어 있어 검푸른 황록색을 띤다. 현미를 도정하면서 속껍질과 씨눈이 조금씩 벗겨져나가 색깔이 점차 흰색으로 바뀌는데, 이런 현미와 비슷한 색깔의 쌀은 씨눈과 속껍질을 약간만 깎아낸 상품인 3분도, 5분도인 경우가 많다. 엄격한 의미에서 백미라 말할 수는 없지만 그렇다고 현미도 아니다. 씨눈이 상하고 속껍질이 깎여 있다면 원래 현미에 비해 영양소가 많이 손실된 상태이기 때문이다.

씨눈이 잘 보존되어 있는 진짜 현미인지는 싹 틔우기 실험을 통해 구별할 수 있다. 작은 그릇에 쌀알을 10개 담고 물이 잠기도록 부어 실내에 둔다. 일주일에서 열흘 정도 기다리는데 싹이 틀 때까지 물을 갈아주지 않아도 괜찮지만 냄새가 날 경우에는 한 번 정도 갈아주는 것이 좋다. 진짜 현미라면 보통 열흘 정도 지나 싹이 트는 것을 볼 수 있다. 하지만 싹이 트지 않고 썩어버린다면 씨눈이 없거나 상했다고 볼 수 있으니 진정한 현미라 보기 어렵다.

처음 먹는 현미밥 고슬고슬 맛있게 지어 먹기

현미는 섬유질이 많아 압력밥솥에 지어야 밥이 차지고 고슬고슬하다. 조금 더 맛있게 먹고 싶다면 밥이 다 되어 압력밥솥에 '보온' 표시가 되면 뚜껑을 열어 밥솥 안의 김을 뺀 후 다시 닫아 15분 정도 약한 불에서 뜸을 들이면 맛있는 현미밥이 완성된다. 보통 찹쌀 현미와 멥쌀 현미를 1:1의 비율로 섞어 짓는 경우가 많고 밥을 하기 전에 8시간 정도 불리면 밥맛이 부드럽다는 게 일반적인 평이다. 하지만 이는 어디까지나 개인적인 취향이어서 쌀을 불리지 않고 압력밥솥에 할 경우에는 씹는 맛이 더 강하게 느껴져 좋아하는 이들도 많다. 다만 현미를 처음 먹는 사람들은 그 맛에 적응하기 어려워 시작하지 못하는데, 이럴 때는 백미와 현미를 섞어 밥을 짓는 것도 방법이다.

현미밥을 먹는 방법은 현미를 먹는 것 자체보다 중요하다. 현미밥을 백미처럼 대충 씹고 삼키면 대변에 껍질 모양 그대로 현미가 나오는 것을 경험한다. 속껍질이 으깨지도록 충분히 씹어야 하는데 이를 위해서는 밥을 입에 넣고 100번 정도 충분히 씹어야 한다. 조금만 씹어도 부드럽게 잘 먹을 수 있는 백미밥에 익숙한 사람들은 현미밥을 처음 먹을 때 의식적으로 씹는 연습을 하는 것이 좋다. 늘 먹던 음식이 아니기 때문에 현미밥이 까슬하게 느껴지고 씹는 과정이 번거롭다고 생각할 수 있다. 하지만 현미밥을 먹으며 얻게 되는 장점들을 생각한다면 기꺼이 습관을 들이는 것도 좋을 것이다. 의지가 약하다면 시중에 판매하는 발아현미로 현미식을 시작해볼 수 있다. 발아현미는 현미를 물에 불려 싹이 조금 나게 한 후 건조시켜 더 이상 자라지 못하게 만든 현미다. 영양 상태로 볼 때 일반 현미보다 더 뛰어나다고 하기는 어렵지만 속껍질이 터진 상태이므로 일반 현미보다는 부드러워 먹기가 수월하다. 일반 현미에 비하면 공정 과정이 한 번 더 있는 셈이므로 가격은 비싼 편이지만 현미 초보자에게는 도움이 되리라 생각한다.

몸의 건강을 위해
채식을 결심하다

'사람은 자기가 먹는 것의 1/4만으로 살아간다. 나머지 3/4으로 의사가 살아간다.'

기원전 3800년 이집트 피라미드에 새겨져 있는 비문이다. 소식하면 장수한다는 이야기가 최근에 발표된 획기적인 학설은 아닌 모양이다. 생활 수준이 높아지고 식습관이 서구적으로 변하면서 우리의 식문화도 많이 변했다. 채식 위주의 담백한 식단이 푸짐하고 기름진 메뉴로 바뀌면서 이제 우리나라도 적게 먹고 건강해지자는 웰빙 붐이 일고 있다. 정신 수양이나 종교적인 의미에서가 아니라 지극히 현실적인 문제 때문에 소식과 채식에 대한 관심이 늘고 있다. 고단백, 고지방의 기름진 식생활이 암, 심근경색, 동맥경화 같은 만성질환을 일으키는 원인이 되고 있음은 누구도 부인하지 않는다.

의학자들은 대부분의 만성질환이 불균형한 식생활과 라이프스타일로 생겨난다고 보고 있으며 자연적인 식생활을 함으로써 치료와 회복이 가능하다고 말한다. 실제로 워싱턴 DC에 본부를 둔 '책임 있는 의학을 위한 의사위원회(PCRM)'는 미 농무부에 전통적인 네 가지 음식 그룹(육류, 유제품, 곡물, 과일)을 새로운 그룹(과일, 채소, 곡물, 콩류)으로 교체해달라고 요청한 바 있다.

과일과 채소, 곡물, 콩류를 위주로 한 식생활은 채식생활과 맥락을 같이한다.

국제채식연맹(IVU)에서는 채식을 '육지에 있는 두 발과 네 발 달린 동물을 먹지 않는 것은 물론 바다나 강에 사는 어류도 먹지 않는 것이며 우유나 달걀은 개인적인 이유로 먹을 수도 있고, 먹지 않을 수도 있다'라고 정의하고 있다. 채식이라고 하면 단순히 채소를 먹는 것만을 뜻하는 것이 아니라 육류, 육류 가공품 같은 동물성 식품을 배제하고 지속적으로 식물성 식사를 하는 것을 말한다. 더불어 동물성 식품이 아니어도 화학첨가물, 정제 과정을 거친 식품, 술, 담배 등은 식물성 식품의 범주에 넣지 않는다.

채식이 우리의 몸을 가볍게 한다

이러한 자연주의 식단은 우리의 몸을 가볍고 건강하게 만든다. 식물성 음식은 섬유질, 저지방, 그리고 적당량의 단백질을 함유하고 있어 식물성 식품만 먹는다고 해도 영양 결핍은 일어나지 않는다. 다만 체중은 채식을 하기 전보다는 어느 정도 줄어든다. 채식 이전에 육류를 좋아하고 늦은 시간까지 술을 마시던 습관을 가진 사람이라면 이러한 식습관의 변화만으로도 눈에 도드라지는 체중 감량 효과를 얻을 수 있다. 운동을 하지 않고 식사습관을 바꾼 것만으로도 체중이 감소한 것이다. 이는 채식으로 인해 우리의 몸속에 과다 체지방이 없어졌다는 것을 뜻한다. 불필요한 지방이 없어지니 원래의 적정 체중에 가까워진다. 채식이 다이어트에 도움이 된다는 것이 바로 이 점이다. 많은 사람들이 체중 감량을 목적으로 채식을 시작한다. 중요한 것은 처음 시작은 다이어트였지만 채식을 통해 몸이 가벼워지고 건강해지는 것을 체험하면 이후에도 채식을 유지하는 경우가 많다는 사실이다. 채식으로 몸을 만든 이후 다시 원래의 고지방, 고단백으로 돌아갈 경우 체중이 다시 오르는 것은 당연한 일이니 말이다.

맛있게 채식하는 방법은 얼마든지 있다

채식의 장점이 명백하다고 해도 당장 채식으로 돌아서는 것이 말처럼 쉽지는 않다. 고기를 좋아하고 평소 자주 먹는 사람이 갑자기 고기를 끊으면 어지럼증이 생기거나 기력이 떨어지는 것은 다반사다. 고기를 안 먹으니 고기 생각이 나는 것은 당연하며 '고기를 안 먹어서 그런가' 하는 불안한 마음이 생기는 것도 어쩔 수 없다. 고기 생각이 간절하거나 심리적으로 불안한 것은 마인드 컨트롤이 필요하다 치더라도 한동안 기력이 떨어지는 것은 크게 염려하지 않아도 된다. 어지럼증을 느끼거나 기력이 없다고 느끼는 것은 영양이 부족해서라기보다는 식사습관이 바뀔 때 일어나는 현상으로 볼 수 있다. 2~4주간 채식을 꾸준히 하면 자연스럽게 사라진다. 너무 갑작스럽게 식습관을 바꾸는 것이 부담스럽다면 일주일에 한 번 고기를 먹거나 동물성 식품이 소량으로 들어가는 채소 요리를 먹으면서 천천히 시도하는 것도 방법이다.

채식을 한다고 해서 심심하고 푸석한 풀만 먹는 것은 아니다. 육류가 아닌 식물성 재료들로도 얼마든지 풍부하고 감칠맛 나는 맛있는 요리를 해먹을 수 있다.

1 고기 생각 덜어주는 콩고기

육류나 닭고기, 생선 대신 콩을 이용한 요리로 바꾸어 조리한다. 콩에는 고기 못지않은 양질의 단백질이 풍부하게 들어 있다. 두부나 비지, 콩고기를 이용하면 다양한 조리가 가능하다. 콩고기는 콩단백이라고도 불리는 콩을 원료로 고기의 질감과 맛을 낸 것이다. 채식 전문 쇼핑몰에서 구입할 수 있으며 요리 방법별로 종류가 다양해 선택의 폭이 넓다. 마트에서도 콩햄, 콩치킨, 콩스테이크 등 다양한 콩고기를 판매하고 있어 불고기, 깐풍기, 너비아니 등 웬만한 육류 요리가 가능하다.

2 진한 국물맛은 버섯과 다시마로

국물맛은 육수가 아닌 채수로 낸다. 채소를 우려낸 국물이 맛이 없을 거라는 생각은 접어두길 바란다. 고기나 멸치, 가다랭이로 만드는 대신 마른 다시마, 무, 표고버섯, 양배추, 당근 등을 우려내면 맑고 진한 국물이 난다. 국물 요리를 할 때 표고버섯을 우려 국물을 내면 맛이 진하다. 마른 표고버섯을 가루로 내어 각종 국물 요리나 조림에 쓰면 육수보다 깔끔하고 담백한 맛이 난다. 깊고 개운한 맛을 원할 때는 다시마 가루를 쓰고 아몬드 가루는 기름진 국물맛을 낼 때 쓴다. 들깨, 생강가루, 깻가루 등도 국물의 풍미를 더하는 독특한 맛을 낸다.

3 고소한 견과류는 맛있는 채식 간식

채식을 할 때 가장 염려되는 것이 지방 섭취다. 육류에 풍부한 지방이 식물성 식품에는 없다는 생각 때문이다. 견과류는 이러한 걱정을 없앤다. 콩, 참깨, 잣, 아몬드, 땅콩 등의 견과류에는 식물성 지방이 풍부하게 들어 있어 우리 몸속에서 에너지를 내어 기력을 보충한다. 또한 단백질과 무기질, 비타민도 풍부하게 들어 있어 요리할 때는 물론 간식으로 먹어도 좋다. 아몬드의 경우 하루 10개 정도의 양이면 적당하다.

4 맛이 풍부한 제철 과일과 채소

과일과 채소는 충분히 고루 섭취하되 제철 식품을 우선으로 고른다. 잎채소(배추, 시금치, 상추, 근대 등), 줄기채소(죽순, 아스파라거스 등), 뿌리채소

(무, 당근, 감자, 우엉 등), 과실, 해조류, 버섯류를 고루 먹는 것이 좋다. 다양하게 먹되 한 끼에 2~3가지 종류로 간단하게 먹고 끼니마다 다양하게 챙기는 것이 좋다. 유기농 농산물을 구입하는 것이 좋으며 그렇지 않을 경우에는 잘 씻은 후 채소는 소금물이나 식촛물에 5분 정도, 과일은 10분 정도 담갔다 헹궈서 먹는다. 채소 전용 세제를 사용하는 것도 방법이다.

채식의 버라이어티! 향신료와 향신채소

외식을 자제하고 채식을 꾸준히 하게 되면 자극적인 맛에 익숙했던 혀끝이 순해지는 것을 느낄 수 있다. 오이나 당근 같은 채소를 씹으면(고추장에 찍어 먹지 않아도) 달다고 느끼는 경험 같은 것. 그렇다고 늘 채소의 담백한 맛만을 즐기란 법은 없다. 다양한 향신료와 향신채소를 사용하면 음식에 향을 돋우고 풍성한 맛을 더할 수 있다. 향신료는 식물의 열매, 씨앗, 껍질이나 꽃의 일부를 원료로 한 것으로 독특한 향과 맛이 나면서 먹을 수 있는 것을 말한다. 겨자, 정향, 계피는 물론 우리가 거의 매일 먹는 마늘, 고추, 생강, 참기름, 후추도 향신료와 향신채소에 속한다.

고추는 종류에 따라 매운맛이 달라 요리에 따라 적절하게 사용한다. 풋고추는 신선한 대신 매운맛이 덜하고 청양고추는 톡 쏘는 매운맛이 좋다. 말린 고추는 칼칼하면서 맵다. 찌개에 넣을 때는 어슷하게 썰고, 무침이나 양념장을 만들 때는 둥근 모양을 살려 송송 썬다. 고추의 강한 매운맛을 덜고 싶다면 씨를 떨어내는 것이 좋다.

마늘은 곱게 다질수록, 기름에 볶을수록 특유의 향이 강해져 음식의 풍미를 좋게 한다. 조림이나 구이, 볶음처럼 양념을 얹어서 조리할 때 얇게 저며 사용하면 맛이 깔끔하고 씹는 맛이 있어 좋다. 기름에 볶아 향을 강하게 낼 때는 굵게 채썰고 나물무침이나 찌개에는 다진 마늘을 사용한다.

양파는 조리 방법에 따라 매운맛과 단맛의 두 가지 맛을 내는 독특한 향신채소다. 생으로 먹으면 매운맛이 나고 익혀 먹으면 단맛이 난다. 양파에 열을 가하면 매운맛과 유황화합물이 열에 의해 날아가고 일부는 단맛을 내는 성분으로 변하기 때문이다. 양파를 다져 수프, 카레, 샐러드 등의 요리에 사용하면 풍미를 더한다. 붉은 양파는 매운맛이 덜해 샐러드처럼 생으로 먹는 요리에 사용하면 좋다.

후추는 특유의 향으로 음식의 잡냄새를 없애고 식욕을 당기게 한다. 예전에는 가루후추를 주로 사용했지만 최근에는 통후추를 직접 갈아 쓰기도 한다. 후춧가루는 굵을수록 향이 오래가는데 향을 내기 위해 사용할 때는 굵은 가루를 쓰고, 국물을 내거나 먹기 직전에 뿌릴 때는 향이 진하지 않은 고운 가루가 좋다.

대파는 시원한 감칠맛을 내어 무침, 국, 찌개 등에 빠지지 않는 향신채소다. 파의 흰 뿌리는 송송 썰어 무침에 사용하면 좋다. 푸른 부분은 시원하면서도 감칠맛을 내는데 안쪽에 있는 미끌미끌한 점액질을 그대로 사용하면 음식의 맛을 떨어뜨리므로 손질할 때 깨끗이 씻어낸다.

육식자들 속에서 채식하기

직장생활을 하면서 채식생활을 유지하는 것은 쉽지 않은 일이다. 사실 채식을 시작한 대부분의 사람들은 다이어트나 건강을 위해서라기보다는 동물 보호와 지구 환경을 보호하기 위한 의식으로 시작한 경우가 많다. 그래서 일상생활에서 접하게 되는 갖가지 유혹들(고깃집을 지나가는 것만으로도, TV에서 한우 광고를 보는 것만으로도 충분한)에 쉽게 넘어가지 않거나 혹은 무심하게 대처하면서 스스로의 의식을 행동하고 실천한다. 하지만 다이어트를 위해 채식을 시작했다면 그간의 많은 다이어트 중 하나처럼 쉽게 포기하거나 어느 정도 체중이 줄면 다시 원래 생활로 돌아와 체중이 다시 불어나는 일을 반복하게 된다.

결국 채식은 다이어트의 수단이 아니라 하나의 생활 방식으로 받아들이고 꾸준히 지속하여야만 의미가 있다. 채식을 통해 몸이 건강해지고 가벼워졌다면 앞으로도 그 생활 방식이 변하지 않아야 몸의 상태를 유지할 수 있는 것이다.

누구나 짐작하듯 사회생활을 하면서 채식을 꾸준히 지속하는 데는 커다란 의지가 필요하다. 사람들이 모이면 무조건 "삼겹살! 소고기!"를 외치는 분위기에서 채식을 시작했다는 말은 좀처럼 꺼내기 어렵다. 주변 사람들의 이해와 배려가 있다 하더라도 채식 식당이 아니면 완전한 채식을 하기 힘들다는 것도 문제다. 따라서 사회생활을 하면서 채식을 꾸준히 해나가기 위해서는 채식에 다소 유연성을 발휘하는 편이 좋다. 채식에도 여러 단계가 있는데 고기와 달걀, 우유 등 모든 동물성 식품을 먹지 않는 완전 채식을 '비건Vegan'이라고 한다. 닭고기와 조류는 금하고 생선과 해물은 먹는 '페스코Pesco', 달걀과 우유는 먹는 '락토오보Lacto-Ovo', 우유나 유제품은 먹는 '락토Lacto' 등 부분 채식도 있다. 이들 모두 공통적으로 쇠고기와 돼지고기 등 붉은색 육류는 먹지 않는 채식자의 범주에 있다.

가령 비건 채식자라면 된장찌개를 주문할 때 육류나 해물을 빼달라고 하더라도 육수에 멸치를 썼다면 그 또한 채식 메뉴라 하기 어렵다. 비건이라면 우유와 계란을 먹지 않기 때문에 시중에 파는 빵은 먹을 수 없다. 하지만 락토오보나 락토라면 이들 음식을 먹는 것이 가능하다. 그래서 집에서는 비건으로 완벽한 채식

생활을 하고 밖에서는 범위가 더 넓은 채식생활로 융통성을 발휘하는 것이다.

채식에 대한 조금 더 정확하고 올바른 지식을 위해 관련 서적이나 인터넷 동호회에서 정보를 얻는 것도 좋은 방법이다. 네이버 카페 한울벗채식나라cafe.naver.com/ululul, 한국채식연합www.vege.or.kr 등의 모임에는 처음 채식을 하는 이들을 위해 많은 도움을 주고 있다. 더불어 자신과 같은 생각을 공유하고 비슷한 생활 방식을 유지하는 사람들과의 교류를 통해 채식에 대한 의지를 키울 수 있다는 점도 빼놓을 수 없다.

- 재료는 2인분 기준입니다.
- 요리는 가나다 순입니다.
- 기호에 따라 참기름은 들기름으로 대체합니다.
- '약간'은 1큰술을 넘지 않는 양입니다. 입맛에 따라 양을 조절하면 됩니다.
- 간은 개인의 입맛에 따라 다를 수 있으니 요리의 마지막 단계에서 소금의 양으로 조절합니다. 소금은 몸에 좋은 천일염을 사용하면 좋습니다.
- 국물 요리를 할 때 '물' 대신 '채수'를 사용하면 요리에 깊은 맛을 낼 수 있습니다.
- 채수는 재료(다시마-10cm×20cm 1장, 무 1/3개, 아몬드 10개, 파 1/2개, 마늘 2쪽, 물 2리터)를 넣고 1시간 정도 끓입니다. 먼저 다시마를 찬물에서 20분간 우려낸 후 분량의 재료를 넣고 중간 불에서 끓이다 물이 끓어오르기 시작하면 다시마는 건져내고 약한 불에서 1시간 동안 은근히 끓이면 좋습니다.

가지무침

재료 | 가지 4개, 진간장 1큰술, 참기름, 깨소금, 고춧가루, 청양고추 1개, 다진 파와 마늘, 소금 약간

1 가지는 깨끗이 씻어 통째로 찜통에 5분간 찐다.
2 익은 가지를 꺼내어 세로로 4등분한 후 먹기 좋게 손으로 찢는다.
3 청양고추는 송송 썰어둔다.
4 손질한 가지와 파, 마늘, 깨소금을 넣고 무친다.
5 간장과 소금으로 간을 하고 취향에 따라 고춧가루와 청양고추를
　넣어 버무린다.

감잣국

재료 | 감자 3개, 양파 1개, 국간장 1큰술, 고추장 1큰술, 물 5컵, 다진 파와 마늘, 들기름 약간

1 감자와 양파를 깍둑썰기하여 잘게 썰어놓는다.
2 냄비에 들기름을 두르고 감자를 볶는다.
3 감자가 반 정도 익어 투명해지기 시작하면 양파를 넣어
　양파와 감자가 다 익을 때까지 볶는다.
4 냄비에 분량의 물을 붓고 고추장과 국간장을 1:1의 비율로
　섞어서 풀어준다.
5 국물이 끓어오르면 파와 마늘을 넣고 한소끔 끓인 후 불을 끈다.

고구마순조림

재료 | 고구마순 500g, 고춧가루 1작은술, 간장 1작은술, 다진 파와 마늘, 소금 약간

1 고구마순은 잎이 달린 쪽부터 줄기를 꺾어 껍질을 벗긴다.
중간 부분을 한 번 더 꺾으면 껍질이 쉽게 벗겨진다.
2 끓는 물에 소금을 넣고 데친 후 여러 번 헹궈 물기를 꼭 짠다.
3 먹기 좋은 길이로 잘라 다진 파와 마늘, 고춧가루를 넣고 무친다.
4 무친 고구마순을 팬에 넣고 3분 정도 볶는다.
마지막에 간장으로 간을 한다.

고추무침

재료 | 꽈리고추 10개, 밀가루 2큰술, 간장 1큰술, 고춧가루, 다진 파, 마늘, 깨소금 약간

1 고추는 깨끗이 씻어 물기를 떨어낸다.
2 고추에 물기가 어느 정도 있는 상태에서 밀가루를 묻혀 찜통에 10분간 찐다.
3 찐 고추에 파와 마늘, 고춧가루, 깨소금, 간장을 넣고 가볍게 버무린다.

깻잎볶음

재료 | 깻잎 2봉지, 청양고추 1개, 양념장(국간장 1작은술, 참기름, 깨소금, 다진 파와 마늘 약간)

1   깻잎은 끓는 물에 소금을 약간 넣고 가볍게 데친다.
    찬물에 헹군 다음 물기를 꼭 짠다.

2   청양고추는 송송 썰어둔다.

3   분량의 재료를 섞어 양념장을 만든다.

4   팬에 참기름을 두르고 데친 깻잎을 볶는다.

5   청양고추와 양념장을 넣고 5분 정도 더 볶다가 국간장으로 간한다.

두부전골

재료 | 두부 1모, 파 1/2개, 표고버섯 2개, 청양고추 2개, 아몬드 5개, 감자 2개,
국간장 1큰술, 다진 마늘, 참기름, 고춧가루, 소금 약간, 물 2컵

1   두부는 가로세로 3cm, 두께 1cm로 썬다.

2   감자는 껍질을 벗기고 두부보다 작은 크기로 깍둑썰기한다.

3   표고버섯은 먹기 좋은 크기로 썰고, 파는 큼직하게 어슷썬다.

4   냄비에 분량의 물을 붓고 물이 끓으면 감자를 넣고 끓인다.

5   감자가 익기 시작하면 두부를 넣고 3분 정도 더 끓인다.

6   파와 마늘, 고춧가루, 청양고추, 표고버섯 등을 넣는다.

7   아몬드와 물 1/2컵을 믹서기에 붓고 갈아 넣는다.

8   국간장과 소금으로 간을 한다.

두부조림

재료 | 두부 1모, 새송이버섯 3개, 파 1/2개, 청양고추 2개, 진간장 1큰술, 다진 마늘, 참기름, 깨소금,
고춧가루, 식용유, 소금 약간

1 두부는 가로 8cm, 세로 5cm, 두께 1cm로 썬다.

2 새송이버섯은 5mm 정도의 두께로 썰고 파는 어슷썬다.

3 달군 팬에 식용유를 두르고 두부와 새송이버섯을 노릇하게 부친다.

4 냄비에 두부와 새송이버섯을 담고 물 1/2컵을 부어 끓인다.

5 파와 마늘, 참기름, 깨소금, 고춧가루, 청양고추, 진간장을 섞은 후
양념장을 만들어 냄비에 붓는다.

6 5분 정도 조린 후 진간장과 소금으로 간을 한다.

두부찌개

재료 | 두부 1모, 표고버섯 3개, 파 1/2개, 청양고추 2개, 국간장 1큰술, 다진 마늘, 참기름, 깨소금,
고춧가루, 소금 약간, 물 3컵

1 두부는 가로세로 3cm, 두께 1cm로 썬다.

2 청양고추와 파는 송송 썰고 표고버섯은 먹기 좋은 크기로 찢어둔다.

3 냄비에 물을 붓고 물이 끓으면 두부를 넣는다.

4 파와 마늘, 고춧가루, 청양고추, 표고버섯, 국간장을 넣고
3분 정도 끓인다.

5 국물이 어느 정도 우러나면 마지막에 소금으로 간한다.

된장국

재료 | 된장 2큰술, 녹색 채소(아욱, 시금치, 근대, 배추 등) 200g, 양파 1/2개, 청양고추 2개,
물 5컵, 아몬드 5개, 다진 파와 마늘, 소금 약간

1 녹색 채소는 물에 깨끗이 씻어 4cm 길이로 자른다.

2 청양고추는 송송 썰고 양파는 얇게 채썬다.

3 믹서기에 아몬드와 물 1/2컵을 붓고 곱게 간다.

4 냄비에 물을 부어 끓기 시작하면 된장을 푼다.

5 국물이 끓으면 녹색 채소를 넣고 파와 마늘, 양파, 청양고추를 넣는다.

6 갈아둔 아몬드를 넣어 국물맛을 낸 후 소금으로 간한다.

무생채

재료 | 무 1/2개, 소금 1작은술, 김 1장, 고춧가루, 깨소금, 다진 파와 마늘 약간

1 무는 깨끗이 씻어 껍질을 벗긴 후 5mm 두께로 채썬다.

2 김은 살짝 구워서 잘게 부수어놓는다.

3 무채에 소금을 넣고 버무린 후 숨이 죽으면
파, 마늘, 고춧가루, 김가루를 넣고 무친다.

4 접시에 담고 깨소금을 솔솔 뿌린다.

묵은지지짐

재료 | 묵은 김치 300g, 고추장 2작은술, 청양고추 2개, 파 1/2개,
참기름 1작은술, 고춧가루 1작은술, 다진 마늘, 통깨 약간

1 묵은 김치는 물에 헹궈 매운맛을 떨어내고 물기를 꼭 짠 후
먹기 좋은 크기로 썬다.

2 청양고추는 송송 썰고 파는 어슷하게 썬다.

3 달군 팬에 참기름을 두른 후 씻은 김치를 5분 정도 볶는다.

4 고추장, 고춧가루, 파, 마늘, 청양고추를 넣고 3분 정도 더 볶는다.

5 접시에 담은 후 통깨를 솔솔 뿌린다.

미역국

재료 | 마른 미역 50g, 다진 마늘 1작은술, 국간장 1큰술, 들기름 1작은술, 소금, 들깻가루 약간, 물 5컵

1 마른 미역을 물에 푹 담길 정도로 담가 1시간 정도 둔다.

2 불린 미역을 깨끗이 씻어 물기를 꼭 짠다.

3 냄비에 들기름을 두르고 미역을 5분 정도 볶는다.

4 물을 붓고 중간 불에서 10분 정도 푹 끓인다.

5 마늘을 넣고 마지막에 국간장과 소금으로 간한다.
들깻가루를 뿌리면 맛이 한층 풍성해진다.

버섯구이

재료 | 새송이버섯 4개, 양념장(청양고추 2개, 진간장, 고춧가루, 다진 파와 마늘 약간, 식용유 약간)

1 새송이버섯은 5mm 정도 두께로 썬다.

2 달군 팬에 기름을 두른 후 새송이버섯을 노릇하게 구워 익힌다.

3 접시에 예쁘게 담아 양념장과 곁들인다.

버섯볶음

재료 | 느타리버섯 200g, 양파 1개, 진간장 1큰술, 식용유, 참기름, 깨소금, 다진 파와 마늘 약간

1 버섯은 깨끗이 씻은 후 먹기 좋게 손으로 찢어둔다.

2 양파는 껍질을 벗기고 채썬다.

3 그릇에 버섯을 담고 파와 마늘, 진간장, 참기름을 넣고 버무린다.

4 달군 팬에 식용유를 두른 후 양파와 양념한 버섯을 넣고
   3분 정도 볶는다.

5 접시에 담은 후 깨소금을 솔솔 뿌린다.

부추무침

재료 | 부추 1/2단, 고춧가루 1큰술, 참기름 1작은술, 깨소금, 다진 파와 마늘, 소금 약간

1   부추는 흐르는 물에 깨끗이 씻어 물기를 제거한 후 5cm 길이로 자른다.

2   그릇에 부추와 고춧가루, 파, 마늘, 참기름을 넣고 무친다.

3   소금으로 간을 한 후 그릇에 담아서 깨소금을 뿌린다.

새송이버섯두루치기

재료 | 새송이버섯 8개, 양념장(진간장 1작은술, 물 5큰술, 후추, 참기름, 다진 파와 마늘 약간),
올리브 오일, 깨소금 약간

1   새송이버섯을 두께 1cm로 큼직하게 썬다.

2   분량의 재료를 섞어 양념장을 만들어둔다.

3   달군 팬에 올리브오일을 두른 후 버섯을 노릇노릇하게 굽는다.

4   팬에 양념장을 부어 버섯에 끼얹어가며 살짝 조린다.

5   접시에 담은 후 깨소금을 뿌린다.

새송이버섯탕

재료 | 새송이버섯 4개, 아몬드 7개, 청양고추 2개, 국간장 1큰술, 다진 파와 마늘, 소금 약간, 물 3컵

1 새송이버섯을 5mm 두께로 썬다.

2 청양고추는 송송 썰어두고 아몬드는 물 1/2컵을 붓고 믹서기에 간다.

3 냄비에 물을 붓고 새송이버섯을 넣어 5분 정도 끓인다.

4 다진 파와 마늘, 청양고추를 넣는다.

5 한소끔 끓으면 아몬드 간 것을 넣는다.

6 국간장과 소금으로 간한 후 1분간 더 끓인다.

시금치무침

재료 | 시금치 1단, 청양고추 1개, 진간장 1큰술, 들기름, 깨소금, 다진 파와 마늘 약간

1 시금치는 끓는 물에 소금을 약간 넣어 살짝 데친 후 찬물에 씻어 물기를 꼭 짠다.

2 청양고추는 다져둔다.

3 시금치에 들기름, 깨소금, 청양고추, 파와 마늘을 넣어 무친다.

4 진간장으로 간을 한 후 그릇에 담아서 깨소금을 뿌린다.

실곤약무침

재료 | 실곤약 1봉지, 깻잎 10장, 오이 1/2개, 상추 20장, 청양고추 3개,
　　　　양념장(고춧가루 1작은술, 진간장 1큰술, 깨소금, 다진 파와 마늘 약간)

1　실곤약을 끓는 물에 30초 정도 데쳐 찬물에 헹군 후 체에 받쳐서
　　물기를 빼둔다.

2　청양고추는 송송 썬다.

3　상추와 깻잎은 적당한 크기로 썰고 오이는 얇게 슬라이스로 자른다.

4　분량의 재료를 넣고 양념장을 만든다.

5　그릇에 실곤약과 상추, 깻잎, 오이와 양념장을 담아 무친다.

6　접시에 담은 후 깨소금을 뿌린다.

야채보양탕

재료 | 표고버섯 3개, 새송이버섯 4개, 단호박 1/4개, 두부 1/4모, 은행 5개, 호두 5알, 밤 5개, 아몬드 5개,
　　　　잣 약간, 들깻가루 2작은술, 소금, 다진 파와 마늘 약간, 물 4컵

1　새송이버섯은 먹기 좋은 크기로 찢어둔다.

2　단호박과 두부는 가로 1cm, 세로 3cm 두께로 썬다.

3　호두와 밤은 5mm 두께로 잘게 썬다.

4　아몬드는 물 1/2컵을 붓고 믹서기에 간다.

5　큰 냄비에 채수를 4컵 붓고 단호박, 호두, 밤을 넣고 10분 정도 끓인다.

6　은행, 잣, 표고버섯, 새송이버섯을 넣고 5분 정도 더 끓인다.

7　두부와 들깻가루, 갈아둔 아몬드를 넣고 소금으로 간한다.

8　10분 정도 더 끓인 후 파와 마늘을 넣어 맛을 낸다.

야채순두부찌개

재료 | 순두부 1봉지, 양파 1개, 표고버섯 2개, 청양고추 2개,
국간장 1큰술, 고춧가루 1작은술, 소금, 다진 파와 마늘 약간, 물 3컵

1　냄비에 순부두와 채썬 양파, 물을 넣고 끓인다.

2　청양고추는 깨끗이 씻어 송송 썰어둔다.

3　파와 마늘, 고춧가루, 청양고추를 넣고 3분 정도 더 끓인다.

4　마지막에 국간장과 소금으로 간을 한다.

오이지무침

재료 | 오이지 3개, 청양고추 2개, 파 1/2개, 다진 마늘 1큰술, 참기름 1작은술,
식초 1작은술, 깨소금, 고춧가루 약간

1　오이지를 5mm 두께로 썰어 물에 담가 소금기를 뺀다.

2　청양고추는 송송 썰어둔다.

3　오이지의 소금기가 어느 정도 빠지면 잘게 썬 파와 마늘, 참기름,
깨소금, 고춧가루, 청양고추를 넣고 무친다.

4　취향에 따라 식초를 넣어 무친다.

유부감잣국

재료 | 감자 3개, 유부 1봉지, 국간장 1작은술, 고추장 1작은술, 고춧가루 1작은술,
들기름, 다진 파와 마늘 약간, 물 3컵

1 감자는 먹기 좋은 크기로 깍둑썰기한다. 양파는 반을 갈라 얇게 썬다.

2 냄비에 들기름을 두르고 감자를 볶는다.

3 유부는 1cm 정도로 굵게 채썰어둔다.

4 감자가 반 정도 익어 투명해지기 시작하면 양파를 넣고 익을 때까지 볶는다.

5 물을 붓고 고추장과 국간장을 1:1의 비율로 섞어서 간을 맞춘다.

6 유부를 넣고 파와 마늘, 고춧가루를 넣는다.

청국장찌개

재료 | 청국장 2큰술, 묵은지 약간, 청양고추 1개, 양파, 소금, 다진 파와 마늘 약간, 물 3컵

1 묵은지는 찬물에 가볍게 헹궈 물기를 꼭 짠 후 잘게 썰어놓는다.

2 청양고추는 송송 썰고 양파는 얇게 채썬다.

3 냄비에 물을 붓고 끓으면 묵은지를 넣는다.

4 국물이 한소끔 끓으면 청국장을 풀어 넣는다.

5 양파, 파, 마늘, 청양고추를 넣고 10분 정도 더 끓인다.

6 다 끓으면 소금으로 간한다.

콩나물국

재료 | 콩나물 1/3봉지, 다진 파와 마늘, 소금 약간, 물 3컵

1 냄비에 콩나물과 물을 넣고 끓인다.
   비린내가 날수 있으니 끓기 전에 뚜껑을 열지 않는다.
2 국물이 끓으면 파와 마늘을 넣고 3분 정도 더 끓인다.
3 소금으로 간한다. 취향에 따라 고춧가루를 넣어도 좋다.

콩나물무침

재료 | 콩나물 1봉지, 진간장 1작은술, 참기름, 깨소금, 고춧가루, 다진 파와 마늘 약간

1 콩나물을 깨끗이 씻어서 냄비에 담고 물 1/2컵을 붓는다.
2 뚜껑을 닫고 15분 정도 삶은 다음 물을 따라내고 콩나물만 건진다.
3 파와 마늘, 간장, 참기름, 깨소금, 고춧가루를 넣고 무친다.

호박볶음

재료 | 호박 1/2개, 청양고추 2개, 진간장 1큰술, 다진 파와 마늘, 소금, 식용유 약간

1 호박은 깨끗이 씻어 5mm 두께의 반달 모양으로 썬다.
2 청양고추는 송송 썰어둔다.
3 달군 팬에 식용유를 두른 후 호박을 5분 정도 볶는다.
4 파와 마늘, 청양고추, 진간장을 넣고 1분 정도 더 볶는다.
5 마지막에 소금으로 간한다.

호박전

재료 | 애호박 2개, 밀가루 약간, 양념장(진간장 1큰술, 고춧가루 1작은술, 다진 파와 마늘 약간)

1 호박을 5mm 두께로 얇게 썬다.
2 호박에 밀가루를 묻혀둔다.
3 달군 팬에 올리브 오일을 두르고 밀가루 묻힌 호박을 올린다.
4 호박이 어느 정도 익으면 뒤집어 고루 익혀 양념장과 곁들여낸다.

11kg 감량한
현미채식 4주 식단

WEEK 01

MON
아침 : 현미밥, 감잣국, 고추무침, 김치
점심 : 현미밥, 야채순두부찌개, 김치
저녁 : 현미밥, 콩나물국, 아삭이고추, 고추무침, 콩나물무침

TUE
아침 : 현미밥, 미역국, 고추무침, 풋고추, 김치
점심 : 현미밥, 야채순두부찌개, 김치, 가지무침
저녁 : 현미밥, 고추무침, 콩나물무침, 김치

WED
아침 : 현미밥, 고추무침, 호박전, 콩나물국, 깍두기
점심 : 현미밥, 고추무침, 고구마순조림, 깍두기
저녁 : 현미밥, 미역국, 깻잎볶음, 고추무침, 호박전, 깍두기

THU
아침 : 현미밥, 유부감자찌개, 깍두기, 오이지무침
점심 : 현미밥, 가지무침, 깍두기, 오이지무침, 깻잎볶음
저녁 : 현미밥, 미역국, 가지무침, 깍두기, 오이지무침

FRI
아침 : 현미밥, 된장국, 가지무침, 두부조림
점심 : 현미밥, 두부찌개, 버섯구이, 깻잎볶음
저녁 : 현미밥, 유부감자찌개, 가지무침, 열무김치

SAT
아침 : 현미밥, 된장국, 가지무침, 호박볶음
점심 : 현미밥, 가지무침, 두부조림, 열무김치
저녁 : 현미밥, 콩나물국, 두부두루치기, 호박찜

SUN
아침 : 현미밥, 새송이버섯탕, 고구마순조림, 김
점심 : 현미밥, 된장찌개, 깻잎볶음
저녁 : 현미밥, 야채보양탕, 새송이버섯두루치기, 상추, 깻잎

WEEK 02

MON
아침 : 현미밥, 콩나물국, 두부조림, 무생채, 김
점심 : 현미밥, 두부조림, 무생채, 김
저녁 : 현미밥, 무청무침, 야채보양탕, 묵은지지짐

TUE
아침 : 아몬드 10개, 사과 1개, 토마토 2개, 자두 2개
점심 : 현미밥, 두부조림, 열무김치, 도토리묵
저녁 : 현미밥, 두부찌개, 콩나물무침, 파프리카, 오이지무침

WED
아침 : 현미밥, 새송이버섯탕, 고구마순조림, 김
점심 : 현미밥, 된장찌개, 깻잎볶음
저녁 : 현미밥, 새송이버섯두루치기, 상추, 깻잎

THU
아침 : 현미밥, 미역국, 두부조림, 무생채
점심 : 현미밥, 두부조림, 무생채, 김
저녁 : 현미밥, 무청무침, 야채보양탕, 호박볶음

FRI
아침 : 아몬드 10개, 사과 1개 ,토마토 2개, 자두 2개
점심 : 현미밥, 두부조림, 열무김치, 도토리묵
저녁 : 현미밥, 두부찌개, 콩나물무침, 파프리카, 오이지무침

SAT
아침 : 현미밥, 감잣국, 고추무침, 깍두기, 시래기무침
점심 : 현미밥, 고추무침, 열무김치, 김
저녁 : 현미밥, 청국장찌개, 호박부침, 콩나물무침, 김치

SUN
아침 : 현미밥, 두부찌개, 연근조림, 우거지지짐
점심 : 현미밥, 깍두기, 연근조림, 콩나물무침
저녁 : 현미밥, 두부전골, 버섯볶음, 김

MON

아침 : 현미밥, 콩나물국, 무생채, 김
점심 : 현미밥, 오이지무침, 카레버섯구이, 풋고추와 된장
저녁 : 현미밥, 미역국, 잡채, 상추, 깻잎
——

TUE

아침 : 현미밥, 콩나물국, 부추곤약무침, 김
점심 : 현미밥, 고추무침, 실곤약무침, 깍두기
저녁 : 현미밥, 미역국, 고추무침, 호박전, 콩나물무침
——

WED

아침 : 현미밥, 된장찌개, 두부조림, 김
점심 : 현미밥, 콩나물무침, 호박볶음
저녁 : 현미밥, 콩나물국, 김치, 시금치무침
——

THU

아침 : 현미밥, 유부감잣국, 시금치무침, 김
점심 : 현미주먹밥, 샐러드, 김
저녁 : 현미밥, 청국장찌개, 두부조림, 상추, 깻잎
——

FRI

아침 : 현미밥, 두부찌개, 부추무침, 김
점심 : 현미밥, 호박볶음, 깻잎볶음, 깍두기
저녁 : 현미밥, 야채순두부찌개, 청포묵무침, 열무김치, 무생채
——

SAT

아침 : 현미밥, 미역국, 두부조림, 감자볶음
점심 : 현미밥, 콩나물무침, 오이지무침
저녁 : 현미밥, 유부감잣국, 시금치무침, 오이지무침
——

SUN

아침 : 현미밥, 콩나물국, 무생채, 김
점심 : 현미밥, 오이지무침, 깻잎볶음, 풋고추와 된장
저녁 : 현미밥, 감잣국, 오이지무침, 깍두기

MON

아침 : 현미밥, 콩나물국, 무생채, 가지무침
점심 : 현미밥, 오이지무침, 깻잎볶음, 풋고추와 된장
저녁 : 현미밥, 두부전골, 오이지무침, 상추, 깻잎
——

TUE

아침 : 현미밥, 된장찌개, 깍두기, 깻잎볶음
점심 : 현미밥, 깻잎볶음, 오이지무침, 가지무침
저녁 : 현미밥, 새송이버섯두루치기, 고추무침
——

WED

아침 : 현미밥, 된장찌개, 두부조림, 버섯구이
점심 : 현미밥, 콩나물무침, 호박볶음
저녁 : 현미밥, 야채순두부찌개, 묵은지지짐, 김치
——

THU

아침 : 현미밥, 감잣국, 시금치무침, 김
점심 : 현미밥, 미역국, 버섯구이, 열무김치
저녁 : 현미밥, 된장국, 두부조림, 상추, 깻잎
——

FRI

아침 : 현미밥, 콩나물국, 오이지무침, 두부조림
점심 : 현미밥, 오이지무침, 깻잎볶음, 깍두기
저녁 : 현미밥, 두부전골, 청포묵무침, 열무김치, 무생채
——

SAT

아침 : 현미밥, 두부조림, 버섯볶음, 김
점심 : 현미밥, 가지무침, 부추무침, 깍두기, 깻잎볶음
저녁 : 현미밥, 야채보양탕, 시금치무침, 오이지무침
——

SUN

아침 : 현미밥, 콩나물국, 무생채, 김
점심 : 현미밥, 오이지무침, 깻잎볶음, 풋고추와 된장
저녁 : 현미밥, 두부전골, 오이지무침, 깍두기

part 3 운동 전략

야근과 회식이 이어지는 직장생활에서 운동은 멀고 먼 이야기다. 하지만 스트레스 없는 건강한 생활을 위해 이제 운동은 전략이 되어야 한다. 바쁘고 피곤한 일상에서도 요령 있고 효과적으로 운동할 수 있는 단계별 전략을 제안한다.

운동 초보를 위한
짬짬이 운동

집에 오면 씻고 자는 것만으로도 벅찬 바쁜 직장인.
입사 후 운동은 엄두도 내지 못했던
운동 초보자를 위한 틈새 운동 전략.

집에 가면 손끝 하나
까딱하기 싫다

운동이 좋다는 것은 누구나 안다. 그래서 헬스클럽에 등록을 하거나 요가를 배우고 댄스동호회에 가입을 하기도 한다. 하지만 예정에 없던 회의가 퇴근 시간을 넘기거나 3주 내내 야근을 하는 상황이 닥치면 일단 운동은 우선순위에서 밀릴 수밖에 없다. 갑작스럽게 잡힌 회식에 운동한다고 빠지자니 자기관리에 너무 철저한 '얌체' 같아 보일까 걱정되기도 한다. 꼭 이런 이유가 아니어도 바쁘고 피곤한 생활이 계속되면 운동은 사치로 여겨진다. 숨 제대로 쉬고 사는 것만도 대견하다 싶다.

움직인다고 모두 운동은 아니다

하지만 '숨쉬기 운동파 직장인'들에게도 운동하는 방법은 있다. 일단 아침에 일어나 출근을 하고 퇴근을 하는 하루의 움직임을 운동으로 인식하는 것이다. 움직임과 운동은 차이가 있다. 운동은 근육을 의식적으로 움직이고 긴장시켜 단련하는 것이다. 긴장을 늦추고 천천히 걷는 것은 단순한 움직임이지만 허리를 펴고 보폭을 넓혀 빠르게 걷는 것은 운동이 된다. 어떠한 동작을 하더라도 가슴을 열고 허리를 편 상태에서 근육의 움직임을 인식하며 움직이면 근육운동이 될 수 있다. 출퇴근길, 점심시간은 이런 걷기운동을 하기에 적합한 시간이다.

이때 호흡은 중요한 역할을 한다. 배의 근육을 움직이는 복식호흡은 일반 호흡보다 에너지 소비가 높아 운동의 효과가 있다. 사무실에서 장시간 앉아 근무를 하는 직장인이라면 평소에도 복식호흡을 하는 습관을 들이면 좋다. 허리를 펴고 앉아 입을 살짝 다물고 가늘고 길게 코로 숨을 들이쉰다. 숨을 마실 때 배가 부르다는 느낌으로 배 끝까지 숨이 닿을 때 2~3초간 멈춘다. 숨을 뱉을 때는 코로 천천히 배가 쑥 들어가는 느낌이 들도록 한다. 처음에는 이런 호흡이 익숙하지 않아 힘들다고 생각하기 쉽지만 몸에 익숙해지면 호흡은 자연스러워진다.

tip

버스를 기다리는 동안 간단한 동작으로 하체운동 효과를 얻을 수 있다. 한쪽 다리를 굽혀 반대편 다리의 무릎 뒤로 가져간 후 발꿈치를 들었다 놓았다를 반복한다. 발목과 종아리의 근육을 긴장시켜 균형감을 단련시키는 효과가 있다.

사무실에서 발견하는 스트레칭 파워

근무시간 졸음이 오거나 집에서 잠이 안 올 때 시간 나면 틈틈이 스트레칭을 하는 것이 좋다. 특히 사무실에서 늘 쓰는 근육만 움직이는 직장인들에게는 의식적으로 몸을 쭉 펴는 동작이 필요하다. 스트레칭을 통해 잘 쓰지 않는 근육이나 경직되어 있는 근육을 풀어주지 않으면 40~50대에 많이 나타난다고 해서 이름 붙여진 오십견이 20대에 찾아오는 일이 생길 수 있다. 5분 정도의 시간만 있어도 간단히 할 수 있는 것이 스트레칭이지만 이때 주의할 점이 있다. 경직되어 있는 근육에 갑자기 무리를 주지 않아야 한다. 사무실에서 고개를 숙이고 일을 보다가 목이 뻐근하다고 느껴 갑자기 고개를 돌려서 목을 풀어주는 것은 좋지 않다. 고개를 좌우로 흔드는 가벼운 동작으로 준비운동을 한 후 스트레칭을 한다.

스트레칭에서 중요한 것은 동작을 하는 동안 호흡을 멈추지 않고 계속하는 것이다. 움직이는 동안 숨을 참으면 근육에 긴장을 주어 부드럽게 이완되지 않아 자극이 될 수 있다. 동작을 할 때는 숨을 크게 들이마시면서 근육을 천천히 풀어주고 다른 동작으로 이어지는 동안 천천히 내뱉는다. 스트레칭은 빠른 호흡으로 이어지는 것이 아니기 때문에 탄력을 이용하여 동작을 해서는 안 된다. 동작에 힘을 실어 반동을 주면 근육이 오히려 긴장하게 되어 통증을 느끼게 된다. 스트레칭하다가 허리를 다쳤다는 경우가 이런 이유다. 스트레칭은 매일 꾸준히 한다는 생각으로 여유 있게 하는 것이 중요하다. 처음부터 어려운 동작을 시도하거나 과하게 자극을 주는 것은 좋지 않다. 각 동작에 대한 자세는 처음부터 정확히 익혀 매일 꾸준히 시도해야 스트레칭의 효과를 제대로 볼 수 있다.

어깨 돌리기

1

2

손을 무릎에 놓고 숨을 들이마시면서 양쪽
어깨가 귀에 닿을 정도로 최대한 올려준다.
이때 고개가 앞으로 빠지지 않도록 턱은
아래로 살짝 당긴다.

숨을 내쉬면서 어깨를 풀어준다. 스트레스로
인해 굳은 승모근(어깨 근육)이 풀어지면서
어깨와 목 주변의 혈액 순환을 돕는다.
천천히 호흡을 조절해가며 5회 실시한다.

목 돌리기

1

2

어깨를 툭툭 털어준 다음 가볍게 목을
돌리기 시작한다. 어깨는 그대로 둔 채
고개를 천천히 뒤로 젖힌다. 목 근육이
풀리는 느낌이 들면 오른쪽으로 고개를
돌린다. 정수리를 움직인다는 느낌으로
고개를 크게 돌린다.

천천히 고개를 앞으로 떨어뜨리듯 목을 돌린
후 왼쪽으로 고개를 떨어뜨려 목을 한 바퀴
돌린다. 고개를 확실히 떨어뜨리고 천천히
하는 것이 효과적이다. 반대쪽도 똑같이
실시한다.

기지개 켜기

숨을 들이마시면서 두 손을 깍지 껴
손바닥을 위로 향하게 하고 양팔을
쭉 뻗는다. 이때 어깨가 따라
올라가지 않도록 눌러주고 턱을 당겨
고개가 앞으로 빠지지 않도록 한다.
숨을 내쉬면서 팔을 내린다.

피로감이 몰려올 때 졸음 쫓는 스트레칭

복식호흡하기

허리를 펴고 앉아 양손을 깍지 껴 머리 뒤로 가져간다. 이때 팔꿈치는 가능한 활짝 열어 일자가 되게 한 후 눈을 지그시 감고 복식호흡을 시작한다.

tip

입을 살짝 다물고 가늘고 길게 코로 숨을 들이쉰다. 숨을 마실 때 배가 부르다는 느낌이 들도록 숨을 배쪽으로 밀어넣는다. 배 끝까지 숨이 닿을 때 2~3초간 멈춘다. 숨을 뱉을 때는 배가 쑥 들어가는 느낌이 들도록 천천히 코로 내뱉는다.

머리 두드리기

양손 끝으로 정수리 부분을 골고루 부드럽게 두드려준다. 귀 주변은 손가락으로 5초 정도 천천히 눌러준 후 귓바퀴를 꼭꼭 눌러가며 마사지한다.

눈 감싸기

양 손바닥을 비벼 따뜻하게 한 후 눈꺼풀에 가볍게 올린
다음 눈동자를 상하좌우로 돌려준다.
그런 다음 이마 양옆의 관자놀이를 지그시 눌러준 후
얼굴 전체를 골고루 쓸어준다.

척추 돌리기

1

허리를 곧게 펴고 앉은 상태에서 오른손을 왼쪽
무릎에 올리고 숨을 들이마시면서 허리를 최대한
왼쪽으로 틀어준다.

2

숨을 내쉬면서 원래 위치로 돌아온 후 다시 숨을
들이마시면서 오른쪽으로 허리를 튼다. 몸통을
틀 때 척추에 의식을 집중한다.

회의 시작 전
자신감을 길러주는
책상 앞 스트레칭

등과 허리 풀어주기

1

허리를 곧게 펴고 앉아 양손을 깍지 껴
가슴 앞으로 당긴다. 어깨는 편안하게 내린
상태에서 숨을 천천히 들이마시며 실시한다.

2

숨을 내쉬면서 깍지 낀 손바닥이 밖을
향하도록 쭉 내뻗는다. 시선은 정면을 향하고
동작 도중에 어깨가 올라가지 않도록 한다.

3

숨을 들이마시면서 고개를 천천히
뒤로 젖힌다. 고개가 완전히 뒤로
젖혀지면 숨을 내쉰다.

4

숨을 들이마시면서 양손을 다시
가슴 앞으로 당긴다.

5

숨을 내쉬면서 깍지 낀 양손을
앞으로 쭉 밀어준다. 고개는
숙이면서 등은 동그랗게 말아 팔을
밀어주는 힘과 상반되게 한다.

옆구리 풀어주기

1

엉덩이를 의자 안쪽으로 깊숙이 넣어
편안하게 앉은 자세에서 양발을 어깨너비로
벌린 후 오른팔로 왼 발목을 잡고 왼팔은
위를 향해 쭉 뻗어준다.

2

숨을 들이마시면서 왼발 앞꿈치를 들어
허벅지와 종아리를 자극한다. 반대쪽도 같은
방법으로 실시하여 5회 반복한다.

tip

숨을 들이마시면서 앞꿈치를 들어올린다.

손목과 팔꿈치 풀어주기

책상 앞에 편안히 선 자세에서 손바닥을 젖혀
손끝에서부터 책상 위에 손을 올려 천천히 눌러준다.
숨을 내쉬면서 고개를 천천히 숙여 5초간 유지한 후
천천히 손을 책상에서 뗀다.

tip

손목과 팔꿈치의 혈액순환을 도와 장시간 컴퓨터 작업을
하는 사람들이 자주 하면 좋은 동작이다.

팔 안쪽 근육 풀어주기

허리를 곧게 펴고 앉아 오른손을 위로
왼손을 아래로 향하게 하여 양쪽 손끝을
방향대로 당긴다. 어깨는 움직이지 않고
편안한 상태로 동작을 해야 팔 안쪽 근육이
자극을 받는다. 반대로 실시하여 총 5회
반복한다.

운동 효과를 주는 휴게실 5분 스트레칭

옆구리 풀어주기

양발을 어깨너비로 벌리고 허리를 펴고 편안하게 선 자세에서 왼팔을 구부려 오른손으로 왼쪽 팔꿈치를 잡고 천천히 오른쪽으로 구부린다. 숨을 천천히 내쉬면서 왼쪽 옆구리가 서서히 스트레칭되는 것을 인식한다. 반대쪽도 실시하여 5회 반복한다.

어깨 돌리기

양손을 편안하게 편 상태에서 어깨를 최대한 크게 돌린다. 고개가 앞으로 빠지지 않도록 턱을 당기고 앞으로 세 번, 뒤로 세 번 돌린다.

목 풀어주기

오른손으로 왼쪽 팔목을 잡고 고개를 오른쪽으로 천천히 내린다. 오른손으로
왼팔을 당겨 목의 근육이 확실하게 긴장되도록 한다. 최대한 고개를 숙인
지점에서 3초간 멈춘 후 반대쪽도 실시하여 3회 반복한다.

종아리 풀어주기

1

양발을 어깨너비만큼 벌리고 선 다음
오른발을 앞으로 내밀며 뒷꿈치를 바닥에
댄다.

2

두 팔을 오른발 무릎에 대고 상체를 최대한
숙여 5초간 멈춘다. 동작이 익숙해지면 왼쪽
무릎을 구부려 오른발의 자극이 더 크게
한다. 반대쪽도 실시하여 3회 반복한다.

척추 풀어주기

1

양발을 어깨너비만큼 벌린 후 두 팔에 긴장을
풀고 상체를 그대로 숙인다. 등을 마는
느낌으로 끝까지 내려가 10초간 멈춘다.

tip

허리가 뻐근하다고 느낄
때 사무실의 벽을 이용해
스트레칭을 한다. 벽을
등지고 정면으로 선
자세에서 허리를 틀어
상체를 회전시킨다.
최대한 허리를 튼
상태에서 5초간 멈춘 후
반대쪽도 실시하여 3회
반복한다.

2

등을 최대한 마는 느낌으로 상체를 위로
올린 후 허리를 펴고 편안히 선 자세로
호흡을 가다듬는다. 3회 반복한다.

어깨 및 목 통증 풀어주기

1

양발을 어깨너비만큼 벌리고
양손은 의자를 잡고 선다.

2

무릎은 곧게 펴고 어깨에서 허리까지 충분히
내려 등이 굽지 않게 천천히 상체를 숙여
5초간 유지한다. 3회 반복한다.

허리 통증 풀어주기

양발은 어깨너비만큼 벌린 후 엄지손가락으로 허리를
받치고 나머지 손가락으로 엉덩이를 받치고 선다.
엄지손가락을 서서히 밀어주면서 고개를 뒤로 천천히
젖혀 5초간 유지한다. 3회 반복한다.

하루 1시간
집에서 의욕적으로
몸매 가꾸기

운동한다고 반드시 집을 벗어나야 할 필요는 없다.
운동의 강박관념을 버리고
집에서 피로와 스트레스를 풀 수 있는
스트레칭으로 하루하루 달라진 몸매를 만난다.

그냥 걷기가 아니라
틈틈이 파워워킹

아무리 운동을 하지 않는 사람이라도 하루에 얼마간은 걷는다. 직장인이라면 더욱 당연한 이야기다. 걷는 정도에 차이는 있지만 출퇴근길은 물론 점심을 먹으러 나가고 미팅을 하러 나가는 등 하루의 일과를 생각하면 꽤 많은 시간을 걷는다. '하루 종일 움직이고 많이 걷는데 왜 살이 빠지지 않을까' 하고 생각하는 날도 있다. 몸이 긴장하지 않은 상태에서 터벅터벅 걷는 것은 운동 효과가 거의 없다고 보아야 한다. 몸의 움직임이 어느 정도의 유산소운동 효과를 가지려면 일정한 속도와 바른 자세, 꾸준한 운동 기간이 필요하다.

달리기를 하고 싶지는 않고 보통 걷기보다 칼로리를 조금 더 소모할 수 있는 방법을 찾는다면 파워워킹이 제격이다. 보통 걷기는 1시간의 산책 시간에 5km를 걷는 데 반해 파워워킹을 하는 경우에는 같은 시간에 적어도 6km 넘게 걷는다. 즉 파워워킹을 할 경우 같은 시간에 소모하는 칼로리의 양은 산책에 비해 높다. 또한 파워워킹을 하는 동안 엉덩이 근육과 무릎 뒷부분, 넓적다리의 앞부분을 포함한 하체 근육을 단련할 수 있어 좀더 탄력 있는 몸매를 다질 수 있다.

엉덩이를 실룩거리며 걷는다고 파워워킹이 아니다

운동 효과가 있는 파워워킹은 보통 걷기에 비해 약간의 기술이 필요하다. 걸음은 짧고 빠르게 한다. 넓은 보폭으로 천천히 걷는 것은 보통의 걷기다. 파워워킹은 발을 빨리 움직이는 게 목적이므로 발뒤꿈치, 발바닥, 발가락 순으로 발을 내딛으면서 걷는 데 신경을 써야 한다.

많은 사람들은 파워워킹 하면 엉덩이를 실룩거리며 팔을 앞뒤로 과하게 움직이는 동작을 떠올린다. 엉덩이 이야기는 틀렸고 팔은 맞는 이야기다. 파워워킹을 할 때 엉덩이는 좌우로 움직이는 것이 아니라 똑바로 가는 것이 올바른 자세다. 양쪽 엉덩이는 다리가 앞으로 움직이는 데 맞춰서 앞뒤로 움직여야 한다. 팔은 힘차게 움직일수록 빨리 걸을 수 있다. 무작위로 흔드는 것이 아니라 팔을 직각으로 구부리고 앞뒤로 고르게 움직인다. 이렇게 빨리 걸으면 상체는 앞으로 기울게 된다. 몸의 각도는 앞으로 기울되 허리는 구부리지 않는 것이 좋은 자세다.

워킹슈즈를 신는다

올바른 파워워킹 자세를 위해서는 자신에게 잘 맞는 워킹슈즈를 고르는 것이 중요하다. 여러 워킹슈즈를 신어본 후 자신에게 가장 편안한 신발을 찾는다. 신발의 앞면이나 옆면이 그물처럼 된 것은 가볍고 통기성이 좋아 워킹슈즈로 적합하다. 또한 발을 편안하게 굽힐 수 있도록 앞이 유연하고 뒤꿈치가 비스듬하게 경사진

tip
한쪽 발의 발가락을 올린 상태에서 다른 쪽 발의 발뒤꿈치를 내리고 그 다리가 뒤로 갈 때 발바닥을 차는 느낌으로 걷는다. 걸음걸이가 마치 앞으로 굴러가고 있다는 느낌이 드는 것이 파워워킹이다.

신발을 골라야 발뒤꿈치가 지면에 닿은 후 엄지발가락으로 차내는 파워워킹의 동작을 하기가 쉽다.

정확한 동작에 익숙해져야 한다

평소 10분 이상 걸어야 할 때 이 파워워킹의 자세를 사용하면 유산소 운동의 효과를 얻을 수 있다. 시간을 내어 파워워킹을 꾸준히 하기로 결심했다면 처음 2~4주간은 산책을 하는 동안 한두 번 정도 30초간 파워워킹을 한다. 파워워킹이 어느 정도 익숙해지면 천천히 걷다가 중간에 목표 지점을 정하여 가능한 빨리 걷는 파워워킹을 한다. 그리고 나서 숨을 돌릴 때까지 천천히 걷다가 다시 속도를 내어 빨리 걷는다. 숨을 돌린다는 의미는 평상시보다 약간 더 숨이 찰 정도라고 생각하면 된다.

한 시간을 걷는다고 가정할 때 30초씩 3~5회 실시하면 적당하다. 매일 걷기 운동을 한다면 하루 걸러 한 번씩 파워워킹을 하는 것이 좋다. 속도를 내어 빨리 걷는 파워워킹은 천천히 걷는 것보다 하체에 많은 무리를 주기 때문에 몸이 어느 정도 익숙해지는 시간이 필요하기 때문이다. 파워워킹을 시작한 지 3달 정도 지나면 자신의 운동량에 맞추어 파워워킹의 강도를 조절한다. 파워워킹 후 정강이에 통증이 있으면 워킹의 속도가 지나치게 빠르거나 운동의 강도가 강한 것이니 이를 조절하는 것이 좋다. 운동의 강도와 상관없이 파워워킹을 마친 후에는 하체 근육을 풀어주는 스트레칭을 해준다.

천천히 걷는 것보다 빨리 걷는 것이 운동의 효과가 높다면 달리기는 파워워킹에 비해 더 많은 칼로리가 소비된다고 짐작할 수 있다. 하지만 운동에 익숙하지 않은 보통 사람은 달리기보다는 파워워킹이 잘 맞는다. 파워워킹은 양발이 어느 쪽이든 지면에 붙어 있지만 마라톤이나 조깅처럼 달리는 동작은 몸이 공중에 뜨는 순간이 있기 때문에 그만큼 허리와 고관절, 무릎, 발목에 가해지는 부담이 커 부상으로 이어질 수 있다.

운동은 하고 싶은데
헬스클럽까지
갈 시간이 없다

식스팩, 초콜릿복근, 꿀벅지… 예전에는 몸매 좋다는 말이면 그만이었는데 요즘은 참 구체적이다. 간단히 체중을 줄여서 되는 문제가 아니라 몸의 각 부위에 잔잔한 근육을 잡아 탄력 있는 몸매로 만들어야 한다. 하지만 자신의 직업이 운동선수나 연예인이라면 모를까, 회사생활을 하는 직장인에게는 참으로 무리한 일이다. 매일 몇 시간씩 개인 트레이너에게 운동 교정을 받고 음식을 조절하는 피나는 노력을 통해 얻어진 놀라운 결과들을 보며 보통 사람들은 좋은 몸매에 대한 열망을 키운다. 하지만 실제로 그와 똑같이 되겠다는 생각은 과한 욕심이다. 회사를 그만두고 헬스클럽에서만 살 수 있다면 가능한 일이겠지만.

중요한 것은 먹고 싶은 음식을 먹고 건강한 생활을 유지하면서 남들에게 호감을 줄 수 있는 정도의 건강하고 탄탄한 몸매를 갖는 것이다. 지금의 일과 일상생활에 지장 없는 정도의 가벼운 몸매, 지금보다 조금 날씬한 정도의 탄탄한 몸매를 상상하고 이에 맞는 운동을 꾸준히 하는 것이 중요하다.

예전과 똑같이 먹는데 왜 나잇살이 붙을까

사실 20대 초반에는 많이 먹고 운동을 하지 않아도 꽤 괜찮은 몸매를 유지했지만 직장생활을 시작하고 적응해가는 20대 후반부터는 다르다. 대부분의 사람은 나이가 들수록 살이 찌기 쉬운 체질이 된다. 기초대사량이 떨어지기 때문이다. 기초대사량이란 사람이 기본적으로 생체의 기능을 하는 데 필요한 최소의 에너지량을 말한다. 다시 말해 심장을 뛰게 하고 호흡을 하며 체온을 조절하는 등의 기능을 하는 데 필요한 에너지량이다. 개인차가 있기 때문에 성별, 나이, 체격이 같더라도 기초대사량은 달라질 수 있다. 일반적으로 20세 이후부터는 해마다 2~3% 정도씩 기초대사율이 떨어진다. 특히 근육의 운동이 거의 없는 뱃살, 어깨 등에 집중적으로 살이 붙어 일명 '나잇살'이 찌게 된다. 결국 예전처럼 먹고 예전처럼 움직여도 체중이 서서히 불어나는 직장인들은 서둘러 살을 뺄 방법을 찾게 된다.

따로 시간을 낼 수 없으니 집 안에 운동기구를 들여온다. 러닝머신이라 불리는 트레드밀이나 고정식 자전거가 단골손님이다. 하지만 단순히 달리고 페달을 밟는 동작이 과연 살을 빼고 몸을 건강하게 만드는지에 대한 의구심이 들기 시작하면서 운동은 지루하게 느껴진다. 결국 덩치 큰 기구들은 버리지도 못하고 쓰지도 못하는 존재가 된다. 옷걸이라도 되면 다행이다.

사용법을 제대로 알아야 운동 효과를 볼 수 있다

멋진 몸매를 갖고 싶다는 생각이 불현듯 들 때 구입하게 된 기구들을 다시 꺼내어 제대로 활용해보자.

1 트레드밀

러닝머신이라고 불리는 운동기구다. 주변에 조깅을 할 만한 마땅한 장소가 없고 비오는 날에도 운동할 수 있으리란 생각에 구입한다. 하지만 열심히 걸어도 결국은 집 안에 있다는 답답함 때문에 멀리하게 되는 기구다. 생각보다 부피가 커서 한번 자리를 잡으면 다시 옮기기도 뭣하고 남 주기도 미안한 트레드밀. 먼지를 걷어내고 집안에서 가장 넓은 곳인 거실로 옮겨오는 것이 좋다. 가급적 밖을 내다볼 수 있는 곳으로 위치를 정한다. 빨리 걷다보면 생각보다 숨이 차고 땀이 나서 가족과 대화하는 것은 어렵다. 운동에 집중하면서 그나마 덜 지루한 방법이 음악을 듣는 것이다. 속도는 임의로 조절할 수 있으니 뛰는 것보다는 빨리 걷는 운동을 하는 것이 무리가 없다. 집에서 하는 운동이라도 맨발로 걷지 말고 운동화를 신는다. 시선은 정면을 보고 가슴을 편 채 가볍게 주먹을 쥔 상태에서 팔을 앞뒤로 흔들며 걷는다. 발뒤꿈치까지 바닥에 닿도록 걷는 것이 좋다. 속도가 높아지면 팔꿈치를 90도 정도 구부려 힘차게 흔들면서 걷는다.

일단 수동 모드에서 시작한다. 조금씩 속도를 높여서 평소 걷는 속도보다 약간 빠른 속도로 유지한다. 걸음이 익숙해지면 손잡이에서 손을 떼고 팔을 앞뒤로 흔들면서 걷는다. 손잡이를 잡고 걸으면 상체는 앞으로 나아가고 하체는 뒤로 빠지는 경우가 많으니 바른 동작을 유지한다.

트레드밀은 경사도를 조절할 수 있는데 평지에서 속도를 높여 5분 정도 걸으며 몸을 풀어준 후 천천히 경사도를 높인다. 걷는 중에는 경사도를 6~7로 하는 것이 적당하다. 경사도를 무리하게 높여 오르막걷기를 하면 손잡이를 잡으며 운동하게 되는데 이보다는 경사도를 낮추고 손을 흔들면서 운동하는 것이 효과적이다. 충분히 운동을 한 후에는 경사도를 천천히 낮추고 걷는 속도를 서서히 낮

tip

발목이 좋지 않은 상태에서 빨리 걷거나 뛰기를 하면 발목부상이 악화될 수 있다. 운동 전에 스트레칭으로 발목을 충분히 움직여 풀어준 뒤 운동을 시작한다. 처음부터 속도를 높이면 발목이나 무릎, 심장에 많은 부담을 줄 수 있다. 일단 가볍게 걷기 시작해서 천천히 속도를 올리며 빨리 걷는다. 마지막에는 속도를 서서히 낮추면서 운동을 끝낸다. 이러한 방식은 다른 유산소운동에서도 마찬가지다. 강도를 서서히 낮추지 않고 운동을 바로 멈추게 되면 하체에 혈액이 몰려 있는 상태라 순간 혈액순환이 원활하지 않아 현기증을 느끼기 쉽다. 심하면 쓰러지는 경우도 있다. 운동을 마치기 전에는 호흡을 충분히 고르며 서서히 속도를 낮춘다.

추면서 운동을 마친다. 초반에는 총 운동시간을 15분 정도 빨리걷기로 시작하고 이후 서서히 시간을 늘려 40분까지 걸으면 좋다.

2 고정식 자전거

하체를 집중적으로 움직이는 운동으로 페달밟기운동이라 불린다. 트레드밀보다는 부피를 작게 차지하고 무엇보다 앉아서 할 수 있는 운동이라 편할 것 같아 구입하는 경우가 많다. 가만히 앉아서 쉬느니 쉬엄쉬엄 페달을 밟아도 운동 효과를 얻을 수 있으리란 생각도 한몫한다. 하지만 달리기와 같은 운동 효과를 얻기 위해 저항 강도를 높게 설정하게 되면 다리에 힘이 많이 들어가 쉽게 지치고 지루함을 느껴 자전거에 앉는 횟수는 점점 줄어든다. 쉬엄쉬엄 운동하고 싶은 생각이라면 저항강도를 1로 놓는다. 대신 30분 이상 페달을 밟아야 운동 효과를 얻을 수 있다는 점을 기억한다.

약해진 하체의 근육을 키우고 관절염을 예방하는 차원이라면 저항강도는 2로 놓는다. 운동 전 무릎 스트레칭을 충분히 한 후 안장의 높이를 조절해 탄다. 안장의 높이는 페달을 밟는 데 불편함이 없어야 한다. 페달을 밟았을 때 뻗은 다리의 무릎이 약간 구부러진 높이가 적당하며 다리를 과하게 뻗어야 하거나 엉덩이가 움직일 정도의 위치는 좋지 않다.

자리에 앉아 무작정 페달을 밟기보다는 균형을 맞추어 운동을 하면 좀더 효과적이다. 기본적으로 페달을 밟는 속도는 저항력에 달려 있다. 저항력이 너무 세면 페달을 밟기 위해 다리에 무리하게 힘을 주게 되고 너무 약하면 다리가 헛도는 듯 불규칙하게 핸들바를 밀고 당기게 된다. 정확하고 절도 있는 박자로 빠르게 성큼성큼 걷듯 페달을 밟는 정도가 적정하다. 처음 익숙해지기까지는 저강

tip
페달을 밟기 전 발을 고정시키는 트랩을
건다. 트랩이 없으면 페달을 빨리 돌리다가
발이 빠져 다칠 위험이 있다.

TOSHI 9900

도로 20~30분 운동한다. 보통 저강도라고 하면 평균 부하 2~3, 스피드는 20~22km/h이다. 어느 정도 다리와 심장이 운동 속도에 익숙해지면 5분간 저강도로 페달을 밟다가 30초간 좀더 높은 강도로 밟는다. 이때 페달을 밟는 박자는 그대로 유지한다. 숨이 차오르기 시작하면 운동을 과하게 했다는 뜻이다. 사람의 다리 근육은 심장보다 약하기 때문에 다리가 무겁고 힘들다고 느끼면서 숨은 차지 않을 때 저항력을 내려 느린 속도로 페달을 밟아 정리운동을 한다.

3 스테퍼

계단밟기 운동기구로 계단을 오르는 것과 같은 효과를 준다. 에너지를 소모하는 유산소운동과 하체의 근력을 단련하는 근육운동의 효과가 있다. 낮은 운동 강도에서 20~30분 이상 계단을 걷듯 지속적으로 하면 효과적이다. 운동 강도를 높이면 근력을 키우는 효과가 있어 허벅지 근육이 단련된다. 스테퍼는 매트 위에 놓는 것이 안전하다. 기구에 이상이 없는지 위치를 체크한 후 균형을 잡으면서 계단을 오르듯 기구에 올라선다. 시선은 정면을 바라보면서 중심을 잃지 않도록 균형을 잡는다.

처음에는 좌우로 체중을 옮기면서 천천히 움직인다. 발은 발판의 끝부분에 치우치지 않도록 발판의 중심에 서서 운동한다. 이때 발뒤꿈치를 바닥에 붙이지 않은 상태에서 앞꿈치로 스테퍼를 밟으면 무릎에 무리만 가고 운동 효과는 떨어진다. 리듬감 있게 양팔을 움직이면 유산소운동 효과를 얻을 수 있다.

스테퍼를 사용하는 것이 익숙하지 않거나 처음 사용할

때는 계단의 높이를 10cm 정도 맞추는 것이 적당하다. 이후 점차 높이를 조절함으로써 운동 강도를 높일 수 있다. 운동 강도가 낮은 상태에서 20분 이상 운동하면 유산소운동의 효과를 얻으며 운동 강도가 높을수록 하체를 단련하는 근육운동의 효과를 볼 수 있다.

4 슬렌더톤(복근강화운동보조기)

근육에 전류를 흘려넣어 근육이 수축하는 원리를 이용해 복부 근육 전체에 자극을 전달한다. 슬렌더톤 외에도 복부에 힘을 빼면 진동이 울려 스스로 배에 힘을 주게 하는 복부집중관리기도 있다. 이러한 종류의 기기들은 일상생활 중에도 착용할 수 있다는 점 때문에 운동 시간을 따로 낼 수 없는 직장인들에게 매력적이다. 허리에 차고 일정 시간이 지나면 기계 내부의 자극에 의해 복근 단련이 가능하다는 말에 식스팩을 기대하고 구입하는 경우가 많다. 하지만 입소문과는 달리 어느 정도 지나도 별다른 효과를 보지 못해 장롱 속으로 들어가 있는 경우가 많다. 이런 기기들은 말 그대로 운동보조기라는 사실을 기억하자. 식습관이나 생활 패턴은 그대로 유지하면서 이런 기기를 사용하면 효과를 보기 어렵다. 이런 기기를 착용하고 가벼운 유산소운동을 하면 복근을 단련하는 효과를 볼 수 있다.

5 짐볼

무릎 위까지 올라오는 큰 공 모양의 짐볼. 짐볼을 가지고 운동을 하면 어느 부위의 관절, 또는 근육이 취약한지를 알 수 있고 운동을 계속하다보면 취약한 부위가 강화되고 자세가 바로 잡힌다. 짐볼운동의 장점이 꽤나 유혹적인 데다 쉽고 재미있어 보여 구입했지만 생각보다 운동 공간이 많이 필요한 데다 넘어질 것 같은 두려움 때문에 쉽게 손이 가지 않는 기구다. 공이 탱탱하게 탄력이 있어야 하므로 공기가 빠진 상태라면 다시 공을 부풀려 사용한다. 운동을 할 때는 바닥에 매트를 깔고 주변에 부딪힐 만한 물건은 치운다. 무리한 동작을 하다보면 몸이 고꾸라지는 수도 있으니 주의한다.

운동을 시작하면 살이 빠진다는 것은 착각일 뿐

문제는 운동을 시작하기만 하면 살이 빠진다는 착각에서 시작된다. 현재의 체중은 생활 패턴과 식습관, 기초대사량과 운동 등 여러 가지에 의해 결정되는 것인데 단순히 한 가지 운동만으로 해결되리라는 생각을 하기 때문에 결과는 단번에 나오지 않고 쉽게 지치는 악순환이 계속된다.

현재의 모습에서 조금 날씬한 정도의 체중과 상대에게 호감을 줄 수 있는 몸매, 생활에 활력이 넘치는 건강한 컨디션을 위해 운동을 하기로 결심했다면 집 안에 들여놓은 운동기구를 사용하든 가까운 공원에서 운동을 하든 그 운동의 종류는 크게 중요하지 않다. 중요한 것은 운동의 시간을 적절하게 배분하고 제대로 하느냐에 있다.

기본적으로 필요한 운동은 크게 세 가지로 나눌 수 있다. 빨리걷기나 수영, 등산같이 칼로리를 소모하고 심폐기능을 단련하는 유산소운동과 근육의 힘을 키우고 유지시키는 근육운동, 그리고 관절의 운동 범위를 회복시키고 유연하게 유지하는 유연성운동이다.

　운동을 시작할 때는 준비가 필요하다. 그것이 스트레칭이어도 좋고 가벼운 걷기도 좋다. 5분에서 길게는 20분 정도 움직여 땀이 나기 시작하면 본격적인 운동에 들어간다. 하루 운동 시간이 1시간으로 넉넉하다면 유산소운동을 하고 나서 근육운동까지 할 수 있다. 근육운동을 하기 전에 운동할 부위를 스트레칭으로 풀어준 다음 시작하는 것이 좋다.

　만약 하루의 운동 시간이 30분이라면 하루는 유산소운동 위주로 하고 다음 날은 근육운동 위주로 운동한다. 하루하루의 운동 패턴에 차이가 있더라도 운동의 시작과 끝은 항상 스트레칭으로 마무리한다. 운동이 끝난 후 스트레칭을 잊는 경우가 많은데 짧은 시간이라도 몸을 풀어주는 동작을 통해 피로를 풀고 부상을 예방할 수 있다.

　준비운동을 제대로 하지 않으면 운동할 때 갈비뼈 아래가 쥐어짜듯 아픈 일이 생기기도 한다. 특히 빨리걷기나 달리기 도중 갈비뼈 아래에서 통증을 느끼는 일이 있다. 통증의 대부분은 횡격막의 움직임이 원활하지 않기 때문이다. 횡격막이란 가슴과 배 사이에 막처럼 된 근육을 말한다. 횡격막은 우리가 숨을 마실 때는 아래로, 내쉴 때는 위로 올라가는 운동을 계속한다. 그런데 이 횡격막의 움직임이 평소보다 빠르거나 원활하지 않을 때 근육을 쥐어짜는 듯한 통증을 느끼게 된다. 이러한 통증을 예방하기 위해서는 호흡을 리드미컬하게 해서 횡격막의 운동을 원활하고 부드럽게 유지해야 한다. 갑자기 격한 운동을 하면 횡격막은 평소의 운동 리듬을 잃게 되므로 준비운동 후 운동 강도를 점진적으로 높여간다. 식사 후 곧바로 운동을 시작할 때에도 이러한 통증이 느껴질 수 있다. 장에 가스가 차 있거나 음식 알레르기가 있을 때에도 같은 증상을 느낄 수 있으니 유의한다.

나는 운동을 제대로 하고 있는 것일까

많은 다이어트북과 몸짱 만들기 책은 몇 주간의 기간을 정해놓고 운동 스케줄을 제안한다. 유산소운동 몇 분에 아령 들어올리기를 몇 회 하는지 3일째와 4일째의 운동 시간은 어떠한지 아주 구체적이다. 모두 전문가들이 제안하는 좋은 방법들이고 누군가는 효과를 보았겠지만 대부분의 사람들은 제대로 따라하기조차 어렵다. 사람마다 좋아하는 운동이 다르고 운동을 하고 있는 상황이 다르기 때문에 한 가지 방법을 강조할 수는 없다.

중요한 것은 자신에게 잘 맞는 운동을 꾸준히 하고 운동을 통해 몸과 마음이 건강해지는 것을 느끼는 것이다. 어떤 운동을 할 것인지보다는 각 운동을 하는 정확한 방법과 자세를 알고 그날의 스케줄과 컨디션에 따라 즐겁게 하는 것이다. 이 책에서 소개하고 있는 다양한 유산소운동과 근육운동, 스트레칭의 방법을 정확히 익혀 자신의 스케줄에 맞게 효과적으로 운동하는 것이 바람직하다.

언제나 따르게 되는 운동 스케줄이 있다

1 가볍게 몸을 풀어준다

몸의 온도를 높이고 근육과 관절을 가볍게 풀어줄 수 있는 운동을 한다. 집 안에서 운동을 한다면 청소도 좋다. 헬스클럽에서 운동을 한다면 집에서 그곳까지 걸어가는 것도 준비운동이 된다.

2 스트레칭을 한다

아직 땀이 나지 않았거나 몸이 여전히 무겁다고 느낀다면 스트레칭으로 몸을 풀어준다. 목에서부터 팔, 다리, 허리까지 충분히 풀어준다.

3 운동을 한다

유산소운동을 한다면 한 운동이 몸에 적응되는 시간이 있기 때문에 한 가지를 길게 하는 것이 여러 가지를 하는 것보다 효과적이다. 유산소운동은 시작한 지 20분 후부터 체중 감량의 효과가 있으니 30분은 기본적으로 하는 것이 좋다. 근육운동을 한다면 운동할 근육을 부위별로 스트레칭한 후 운동을 시작한다.

4 운동 후 스트레칭을 한다

운동이 끝난 후 근육을 풀어주는 스트레칭을 한다. 스트레칭은 운동 후에 몰려오는 피로감을 빨리 풀어준다. 보통은 잊어버리기 쉬운 부분인데 본운동 시간을 줄이더라도 마지막 스트레칭은 잊지 않고 한다.

출근 의욕을 살려주는 이른 아침 스트레칭

상체를 숙여 뻐근한 허리 풀어주기 | 3회

1

무릎을 꿇고 손을 편하게 내리고 앉는다.
허리는 곧게 펴고 시선은 정면을 향한다.

tip
몸의 긴장을 완전히
풀어 상체를 움직일 때
엉덩이가 들리지 않도록
한다.

2

숨을 들이마시고 내쉴 때
상체를 숙여 이마를 무릎
앞쪽으로 떨어뜨린다. 호흡을
한 번 더한 다음 숨을
들이마시면서 천천히 상체를
일으킨다.

몸을 활 모양으로 만들어 복근 풀어주기 | 3회

1

바닥에 엎드려 고개를 내린 상태에서 무릎을 구부려 양손으로 각각 발목을 잡는다.

2

숨을 들이마시면서 두 발을 천장 쪽으로 천천히 들어올린다.

3

숨을 내쉰 후 다시 숨을 들이마시면서 상체를 일으키는 동시에 발끝을 올려 몸 전체를 위로 올린다. 천천히 몸을 풀고 엎드려 휴식을 취한다.

척추를 폈다가 숙여 하체 긴장 풀어주기 | 3회

1

두 다리를 최대한
벌리고 앉은 후 왼쪽
다리를 접어 허벅지
안쪽에 댄다.

2

오른손으로 오른쪽
발끝을 잡고 허리를 편
상태에서 상체를 숙인다.

3

숨을 들이마시면서
상체를 최대한 숙여
10초간 유지한다. 이때
발목을 몸 쪽으로
당기면 종아리 근육도
함께 스트레칭된다.
반대쪽도 실시한다.

복부를 자극해 노폐물 배출 도와주기 | 3회

1

왼쪽 다리는 앞으로,
오른쪽 다리는 뒤로
접어 앉아 허리를 곧게
펴고 정면을 본다.

2

양손을 깍지 껴 머리
뒤에 댄다.

3

숨을 내쉬면서 상체를
오른쪽으로 천천히
내린다. 최대한 내린
상태에서 호흡을 하며
5초간 유지한 후 숨을
들이마시며 제자리로
올라온다. 다리를
바꾸어 반대쪽도
실시한다.

tip

상체가 앞으로 숙여지지
않도록 주의한다. 많이
내려오는 것보다 상체를
곧게 하여 내려가는 것이
중요하다.

약골 오피스레이디를 위한 통증 해소 스트레칭

1

양쪽 다리를 구부려 교차시켜 앉는다. 허리는 곧게 펴고 양손으로 양 발바닥을 살짝 누르듯 잡는다.

2

숨을 내쉬며 몸을 숙인다. 최대한 숙인 후 다시 천천히 몸을 세워 원래 자세로 돌아간다.

tip

등을 구부리지 않고 허리를 접는다는 느낌으로 상체를 숙인다.

소화불량 해소하기 | 5회

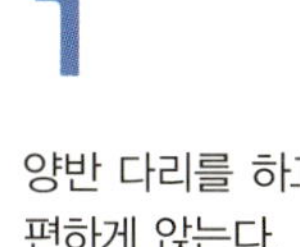

1

양반 다리를 하고
편하게 앉는다.

2

양손을 깍지 껴 숨을
내쉬면서 앞으로 내민다.
이때 등은 동그랗게
말아 뒤로 민다.

3

양손을 가슴으로 가져와 숨을 내쉬면서
팔을 위로 밀면서 가슴을 앞으로 내민다.

tip

팔꿈치와 허리는 최대한 펴고
시선은 위를 향한다.

골반 위치를 교정하여 생리통 해소하기 | 3회

1

왼쪽 다리는 앞으로,
오른쪽 다리는 뒤로
접어 앉아 허리를 곧게
펴고 정면을 본다.

2

숨을 내쉬며 왼손을 쭉
뻗어 허리를 구부린다.
이때 오른팔은 구부려
팔꿈치를 바닥에
댄다. 10초간 유지한
후 제자리로 돌아와
다리를 바꾸어 반대쪽도
실시한다.

tip

등이 구부러지지 않도록
의식하면서 천천히 허리를
구부린다.

퉁퉁 부은 다리 부기 빼기 | 5회

1

무릎을 구부려 발바닥이 마주하도록 하여
허리를 곧게 펴고 앉는다.

2

숨을 내쉬며 천천히 상체를 숙여 고개가
바닥에 닿도록 하여 10초간 유지한다. 숨을
들이쉬며 천천히 제자리로 올라온다.

tip
양쪽 무릎이 최대한 바닥에 닿도록 한다.

볼륨 UP
탄력 UP
집에서 몸매
만드는 스트레칭

어깨의 군살 빼기 | 5회

1

양발을 어깨너비보다 넓게
벌리고 서서 양손을 등
뒤에서 모은다.

2

숨을 내쉬며 허리를 접는다는 느낌으로
상체를 숙인다. 10초간 유지한 후 제자리로
돌아온다.

tip

상체를 숙인 상태에서 양손을 최대한 위로
올리면 스트레칭 효과가 더욱 크다.

볼륨 있는 가슴선 만들기 | 10회

1

허리를 곧게 펴고 앉아 양손과 양팔꿈치를
모아 가슴 안쪽으로 붙인다.

2

팔꿈치가 떨어지지 않도록 하면서 팔을
최대한 들어올려 10초간 유지한다

굴곡 없는 매끈한 등 만들기 | 5회

1

무릎을 꿇고 곧게 선
자세를 취한다

2

왼손으로 왼발 발목을
잡고 오른팔을 쭉
펴며 허리를 뒤로 젖혀
10초간 유지한다.

tip

허리를 젖힐 때 무릎이
굽혀지지 않아야 하며
엉덩이가 똑바로 서도록
한다.

잘록한 허리선 만들기 | 3회

1

등을 대고 누워 양팔을 벌려
손바닥을 바닥에 댄다.

2

숨을 들이마시면서 왼쪽
다리를 90도로 들어올린다.

tip

무릎이 굽혀지지 않도록 한다.

3

숨을 내쉬면서 왼쪽 다리를 오른쪽으로
넘긴다. 이때 고개는 왼쪽으로 돌리고 호흡을
한 후 숨을 들이마시면서 다리를 들어올린
후 천천히 내린다. 반대쪽도 실시한다.

tip

어깨가 뜨지 않도록 한다.

탄력 있는 엉덩이 만들기 | 2회

1

오른쪽 다리를 뒤쪽으로
빼내어 어깨너비 정도로
벌려 선다.

2

양손을 골반 위에 올리고 숨을 내쉬며
무릎을 구부리며 그대로 앉는다. 30초간
정지한 후 천천히 제자리로 돌아온다. 다리를
바꾸어 실시한다.

tip

무릎을 구부린 상태에서 상체가 정면을
향하도록 한다.

날씬한 허벅지 만들기 | 3회

1 등을 바닥에 대고 누워 양쪽 다리를 90도로 구부린 다음 오른쪽 발을 왼쪽 무릎에 갖다 댄다.

2 양손으로 허벅지 뒷부분을 감싸고 숨을 내쉬며 천천히 당겨준다. 반대쪽도 실시한다.

반듯한 골반 만들기 | 20회

1 등을 대고 누워 무릎을 세우고 다리를 골반 너비로 벌린다.

2 숨을 들이쉬면서 복부와 골반을 의식하며 엉덩이를 들어올린다.

tip 엉덩이를 들어올렸을 때 무릎에서 머리까지 일직선이 되도록 자세를 유지한다.

골반 안쪽 단련하기 | 2회

1

오른쪽 무릎을 굽혀
바닥에 대고 왼쪽
무릎을 90도 구부려
상체를 세운다.

2

가슴을 편 상태에서
왼손으로 왼쪽 발끝을
잡는다.

3

발을 잡은 손을 엉덩이
쪽으로 최대한 당겨
20초간 유지한다.
반대쪽도 실시한다.

허벅지와 골반 유연하게 하기 | 3회

1

왼쪽 다리는 펴고 오른쪽 다리를 앞으로
구부려 오른발이 왼쪽 허벅지 앞으로 오도록
한다. 숨을 들이마시며 상체를 앞으로 숙여
머리가 바닥에 닿도록 한다.

2

양손을 모아 머리 앞에 두고 5회 호흡을
한 후 상체를 천천히 올린다. 발을 바꾸어
반대쪽도 실시한다.

tip

상체를 숙일 때 골반이 틀어지지 않도록 한다.

알통 없는 곧은 종아리 만들기 | 3회

1 다리를 곧게 뻗어 허리를 펴고 앉는다.

2 왼쪽 다리를 구부려 오른쪽 무릎 위에 올린다.

3 오른손으로 오른발 끝을 잡고 왼손은 왼발 무릎에 올린 후 숨을 내쉬며 천천히 당겨준다. 10초간 유지한 후 원래 위치로 돌아간다. 반대쪽도 실시한다.

잠들기 전
하루의 피로를
풀어주는 스트레칭

엎드려 윗몸 일으켜 배 근육 풀어주기 | 3회

1

양손은 어깨 바로 아래의 바닥을 짚고
배를 대고 엎드려 눕는다.

2

팔꿈치를 펴면서 윗몸을 일으킨다. 허벅지는 바닥에서 떼지
않고 가슴을 똑바로 세우면서 어깨가 귓가에 닿지 않도록
내리며 최대한 상체를 일으켜 20초간 유지한다.

*턱은 들어도 되지만 머리를 뒤로 젖히는 것은 피한다.

tip

손목이나 등허리에
통증이 있는 사람은
팔뚝으로 몸을
지탱하면서 윗몸을
절반만 일으킨다. 이때
허벅지는 바닥에서
떼지 않아야 배 근육을
스트레칭하는 효과가
있다.

무릎 감싸 안아 등 근육 풀어주기 | **3회**

1

등을 대고 다리를 뻗어 편안하게 눕는다.
턱은 당기는 느낌으로 하고 발끝은 곧게 편다.

2

양쪽 다리를 구부려 감싸 안아 등 근육이 펴지는
느낌을 들 때까지 다리를 가슴 쪽으로 끌어당긴다.
턱을 끌어당겨 무릎 쪽으로 가져가 20초간 유지한다.

등뼈 틀어 등과 허리 풀어주기 | 3회

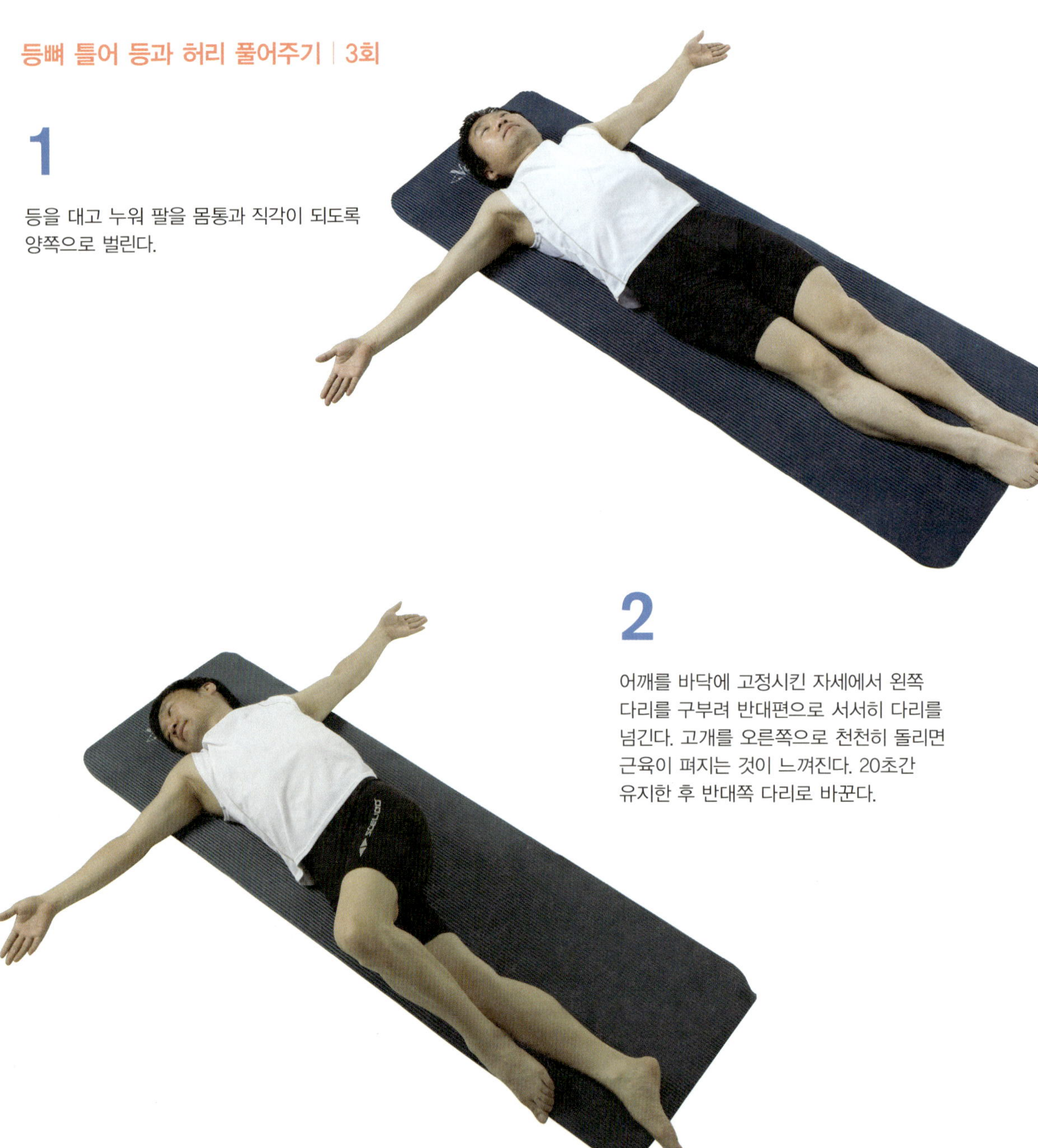

1

등을 대고 누워 팔을 몸통과 직각이 되도록
양쪽으로 벌린다.

2

어깨를 바닥에 고정시킨 자세에서 왼쪽
다리를 구부려 반대편으로 서서히 다리를
넘긴다. 고개를 오른쪽으로 천천히 돌리면
근육이 펴지는 것이 느껴진다. 20초간
유지한 후 반대쪽 다리로 바꾼다.

엉덩이 근육 풀어주기 | 3회

1 등을 대고 양쪽 무릎을 구부리고 누워 오른쪽 발을 왼쪽 무릎 위에 걸친다.

2 두 손을 왼쪽 무릎 아래에서 깍지 낀 후 무릎을 천천히 가슴 쪽으로 끌어당겨 왼쪽 엉덩이 부분의 근육이 펴지는 것을 느낀다. 20초간 유지한 후 반대로 실시한다.

허벅지 안쪽 근육 풀어주기 | 3회

1

발꿈치를 마주보게 붙여 무릎을
양쪽으로 벌리고 앉는다. 등을
똑바로 펴고 시선을 정면에 둔다.

2

팔뚝으로 무릎을 서서히 누르고
상체를 숙여 20초간 유지한다.

모든 동작은 10회를 1세트로 한다. 세트와 세트 사이의 휴식 시간은 1분을 넘기지 않고 운동하면 약간의 유산소운동 효과를 볼 수 있어 체지방 감량에 도움이 된다. 근육운동은 많이 한다고 좋은 것이 아니라 어떻게 하느냐가 중요하다. 자세를 정확히 익혀 운동하고 각 운동이 끝난 후에는 운동 부위의 근육을 풀어주는 스트레칭을 3회 반복한다.

체내 근육량을 높이는 홈메이드 운동법

탄력 있는 가슴을 위한 팔굽혀펴기 | 3세트

1 양손을 어깨너비보다 넓게 벌리고 엎드린다. 양손 끝은 안쪽을 향하게 하고 허리와 다리는 곧게 편다.

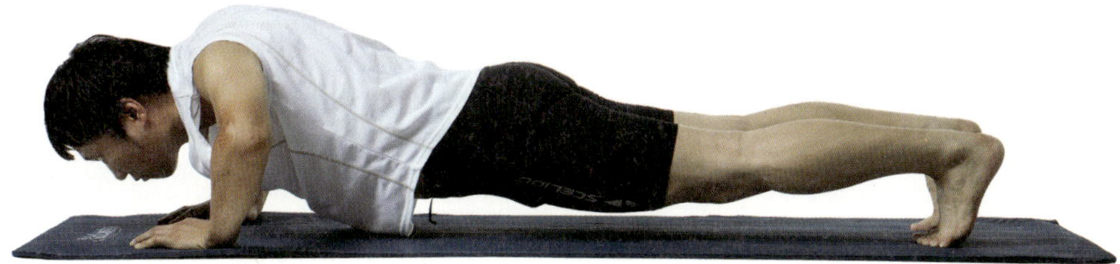

2 숨을 들이마시면서 천천히 팔꿈치를 접어 상체를 숙인다. 최저 지점에서 3초간 머문 후 숨을 내쉬며 팔꿈치가 살짝 구부러진 상태까지만 올린 후 다시 아래로 내려간다.

*상체가 움직일 때 엉덩이를 올리거나 내려서는 안 된다. 몸을 구부리지 않도록 주의한다.

섬세한 가슴 근육을 만드는 덤벨 올리기 ┃ 3세트

1 양팔을 어깨높이에서 직각으로 구부려 덤벨을 들어올린다.
손바닥은 발끝을 향하게 하고 팔꿈치는 바닥에서 살짝
띄운다.

2

마무리 스트레칭
뒤로 깍지를 끼고 숨을
들이마시면서 고개를
젖힌다.

숨을 내쉬면서 덤벨을 밀어올려 가슴 위에서 3초간 멈춘 후 숨을 들이마시면서 팔을 내려 앞의 동작으로 돌아간다.

＊가슴 근육을 안으로 쥐어짜는 느낌이 들도록 팔 전체를 비틀어 손바닥이 얼굴을 향하도록 덤벨을 밀어올린다.
＊덤벨이 머리 쪽으로 넘어가지 않도록 한다. 어깨로 힘이 분산되어 가슴 근육을 단련하는 운동 효과가 떨어진다.

섬세한 등 근육 만드는 상체 들어올리기 | 3세트

1 턱을 바닥에 대고 차려 자세로 편안하게 엎드린다.

2 숨을 들이마시며 상체를 들어올린다. 최대한 들어올린 지점에서 3초간 정지한 후
숨을 내쉬면서 다시 차려 자세로 엎드린다.

*손끝은 발끝을 향해 최대한 뒤로 뻗는다.

3 천천히 바닥에 내려온 후 시간차를 두지 않고 곧바로 다시 상체를 들어올린다.

등 근육을 강화하는 팔과 발 들어올리기 | 3세트

1

양 무릎과 양손으로 바닥을 짚고 엎드린다.

＊시선은 바닥을 향한다.

2

숨을 들이마시며 한쪽 다리를 뒤로 뻗고
반대편 팔을 앞으로 쭉 뻗어 3초간 정지한다.
숨을 내쉬며 원래 동작으로 돌아온다.
반대쪽도 같은 방법으로 실시하면 1회이다.

마무리 스트레칭

등을 동그랗게 말면서
팔을 앞으로 쭉 늘여
10초간 유지한다. 좌우로
기울여 10초씩 유지한다.

어깨 근육을 다지는 덤벨 올리기 | 3세트

1

엉덩이를 의자 깊숙이 넣어 가슴을 펴고
앉아 덤벨을 눈높이까지 들어올린다.

＊덤벨이 눈높이보다 더 내려가면 어깨
근육의 운동 효과가 떨어진다.

2

숨을 내쉬며 덤벨을
빠르게 올려 머리 위에서
모은다. 3초간 정지한 후
숨을 들이마시면서 덤벨을
눈높이까지 천천히 내린
후 시간차 없이 바로 앞의
동작을 반복한다.

삼각근을 다지는 덤벨 올리기 | 3세트

1

2

3

마무리 스트레칭

양손을 어깨에 올리고
팔꿈치를 앞에서 뒤로
5회, 뒤에서 앞으로
5회 크게 돌린다.

양발은 어깨너비로 벌리고
덤벨을 쥔 양손을 허벅지
앞으로 놓고 선다.

*팔은 쭉 펴지 않고
팔꿈치를 살짝 구부린
느낌으로 놓아야 관절에
무리가 가지 않는다.

숨을 들이마시면서 한쪽
팔을 어깨높이까지 들어올려
3초간 정지한다. 숨을
내쉬며 팔을 내리고 동시에
반대쪽 팔을 올린다.

반대쪽 팔을 같은 방법으로
올리면 1회이다.

*덤벨을 들어올릴 때는
어깨의 힘을 이용하며
손목을 꺾지 않아야 한다.

삼두박근 키우는 팔 뒤로 뻗기 | 3세트

1

한쪽 손에 덤벨을 쥐고 팔꿈치를 옆구리에 붙이고 반대쪽 무릎은 의자 위에 대고 엎드린다.

*팔 위쪽은 바닥과 평행을 이루게 하고 팔꿈치는 직각보다 더 구부러지지 않도록 한다.

2

팔꿈치를 고정한 상태에서 숨을 내쉬며 팔을 뒤로 뻗어 완전히 펴 2초간 정지한 후 원래 자세로 돌아간다. 시간차를 두지 않고 곧바로 다시 팔을 뒤로 뻗는다.

마무리 스트레칭

한쪽 팔을 곧게 뻗고 반대쪽 팔을 접어 팔꿈치를 눌러준다.

탄탄한 허벅지 만드는 무릎 굽혀 일어서기 ｜ 5세트

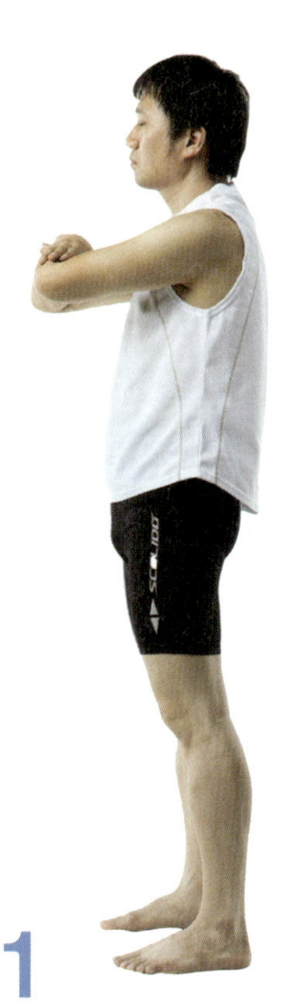

1

양발을 어깨너비로 벌리고 서서 양팔을 포개
어깨높이까지 올린다.

*발끝은 45도 바깥쪽을 향하게 선다.

2

숨을 내쉬면서 엉덩이를
빼는 듯하며 무릎을 굽힌다.
최저점까지 내려가 3초간 멈춘
후 숨을 들이마시면서 원래
자세로 돌아온다.

*굽힌 무릎이 발끝보다 앞으로
나가지 않도록 신경쓴다.

3

일어날 때는 숨을 들이마시면서 발뒤꿈치에
무게중심을 두고 허리를 세운다. 일어선
자세에서 시간차 없이 엉덩이를 빼며 무릎을
구부린다.

탄력 있는 엉덩이 만드는 앉았다 뛰어오르기 | 3세트

1

양발을 어깨너비보다 두 배 정도 넓게
벌리고 무릎과 발끝이 바깥쪽을 향하게 하여
엉덩이를 뒤로 빼 앉는다.

＊무릎은 발끝보다 나오지 않도록 하고
다리는 어깨너비보다 두 배 정도 넓게 벌려야
운동 효과가 크다.

2

팔을 밑으로 쭉 펴면서 엉덩이와 허벅지를
강하게 수축하며 위로 힘차게 뛰어오른다.
내려오면서 바로 무릎을 굽혀 준비 자세를
취한다.

＊발끝이 바닥을 향하게 쭉 펴면서
뛰어오른다.

마무리 스트레칭

무릎을 곧게 펴고 상체를 숙여 엉덩이와 허벅지
근육이 풀리도록 10초간 유지한다.

처진 아랫배 살빼기 | 3세트

1

팔꿈치와 손바닥을 받쳐 상체를 세워
반듯하게 눕는다. 팔꿈치가 어깨 바로
아래쪽에 위치하도록 한다.

2

양발을 바닥에서 살짝 띄운 다음 숨을
내쉬면서 한쪽 다리를 끌어당긴다.
최고점에서 3초 정도 머문 후 발끝에 힘을
주어 다리가 바닥에 닿기 전까지 내린 다음
반대쪽 다리를 끌어당긴다.

아랫배 근육 다듬어주기 | 3세트

1

팔꿈치와 손바닥을 받쳐 상체를 세워
반듯하게 눕는다. 팔꿈치가 어깨 바로
아래쪽에 위치하도록 한다.

마무리 스트레칭

양손은 바닥을 짚고 배를 대고
엎드려 누운 다음 팔꿈치를
펴면서 윗몸을 일으킨다.

2

다리를 곧게 펴고 양발을 모아
들어 올린 상태에서 15초간 유지한
후 숨을 내쉬면서 천천히 다리를
내린다. 30초간 휴식을 취한 후 다시
앞의 동작을 반복한다.

＊다리를 45도보다 낮게 올리면
아랫배 근육보다 허리에 힘이
집중되어 허리에 큰 부담을 줄 수
있다.

헬스클럽에서 하는 본격적인 몸 만들기 운동

헬스클럽에 가서 죽어라 뛰기만 하는가?
가슴 근육을 키우기 위해 무거운 덤벨만 열심히 올리는가?
헬스클럽까지 가서 운동할 의지만 있다면 이미 성공이다.
물론 제대로 된 운동법을 익힌 다음부터!

헬스클럽에
다니기 시작했다

덤벨 하나만 있으면 집에서도 충분히 근육운동을 할 수 있는데 굳이 헬스클럽에 가야 할까 하고 생각할 수도 있다. 헬스클럽에 등록한다고 해서 빠른 시일 안에 근육이 생기고 체지방이 빠지는 것은 아니니까 말이다. 그럼에도 불구하고 헬스클럽에는 늘 사람들로 넘쳐나고 많은 직장인들은 운동을 하겠다는 결심과 함께 헬스클럽의 회원증을 끊는다. 집에서 혼자 시간 날 때 하는 것보다 규칙적으로 시간을 정해 헬스클럽을 찾는 자신만의 약속은 운동을 좀더 체계적으로 할 수 있어 추천할 만하다. 또한 여러 사람들과 함께, 비록 그들과 안면이 없는 사이라 하더라도 일종의 동질감이 형성되어 운동에 대한 의지를 다지게 된다. 열심히 운동하는 회원들의 근육이 나날이 단련되어가는 모습을 보면 그만한 동기부여도 없을 것이다.

어느 헬스클럽에 등록할까

문제는 생각만큼 헬스장을 자주 찾게 되지 않는다는 데 있다. 퇴근 시간이 일정하지 않고 퇴근 후의 일정이 들쑥날쑥한 것이 직장인의 일상이니 말이다. 그러므로 헬스클럽은 마음 내킬 때면 언제든 운동할 수 있는 가까운 거리에 있는 곳을 고르는 것이 최선의 선택이다. 늦은 시간에도 짬을 내어 들를 수 있는 곳, 집에서 트레이닝복만 입고 나가면 아는 사람 마주칠 확률이 적은, 집과 가까운 곳이 베스트다. 일단 본인이 가장 접근하기 쉬운 헬스클럽 몇 곳을 후보에 올려놓고 그곳의 시설을 체크해본다. 헬스클럽의 운동 환경은 어떠한지, 기구들은 관리가 잘되어 있는지, 트레이너의 수준은 어떠한지 따져보면 되겠지만 사실 그곳에서 일정 기간 운동을 하지 않는 이상 이를 파악하기는 어렵다. 다만 이들을 미루어 짐작할 수 있는 단서는 헬스클럽이 얼마나 깨끗이 관리되고 있는지를 살펴보는 것이다. 운동기구가 낡고 기름때가 끼어 있다면 관리가 잘되지 않는다는 것을 뜻한다. 헬스클럽이 깨끗하게 관리되어 있다는 것은 트레이너의 자질을 간접적으로 평가할 수 있는 방법이기도 하다.

한 가지 기구에만 집착하지 말자

나에게 적합한 헬스클럽에 등록했다면 이제 제대로 운동하는 일만 남았다. 헬스클럽에는 유산소운동과 근육운동을 할 수 있는 기구들로 가득하고 이 다양한 기구들을 이용해 건강하고 탄탄한 몸을 만들 수 있다. 그런데 이곳에서 한 가지 운동만 열심히 하는 사람들을 종종 볼 수 있다. 특히 여성들의 경우에는 근육운동을 하지 않고 오로지 유산소운동만을 하는 이들이 많다. 트레드밀 위에서 달리기, 자전거 타기가 그것이다. 이들은 유산소운동을 통해 체지방을 감소하려는 목적을 가지고 있는 것이 분명한데, 결론적으로 말해 좋은 방법이라고 할 수 없다. 유산소운동만 계속하면 체중은 감소할지 모르지만 피부의 탄력이 떨어지고 근력이 약해져 건강하고 탄탄한 몸매와 인상을 갖기 어렵다.

남자들의 경우에는 특정 부위의 지방을 빼기 위해 한 가지 기구만 이용해 고

강도로 운동하는 경우가 많다. 하지만 운동생리학적으로 볼 때 원하는 부위의 지방을 집중적으로 빼는 것은 불가능하다. 한 시간 동안 뱃살을 집중적으로 빼는 동작만 한다고 해서 뱃살이 빠지는 것은 아니며 체지방만 소모된다 하더라도 뱃살 부위의 체지방만 집중적으로 빠지는 것은 아니다.

유산소운동과 근육운동, 스트레칭의 시간을 배분하라

건강하고 잘 다져진 몸매를 만들기 위해서는 유산소운동과 근육운동, 그리고 스트레칭을 적절하게 배분하여 운동해야 한다. 전체 운동 시간은 1시간 정도가 적당한데 그보다 짧거나 긴 시간 운동을 한다면 전체 운동 시간을 생각해 세 가지 운동의 순서를 적절하게 분배한다.

먼저 가볍게 준비운동을 한다. 준비운동은 땀이 약간 날 정도의 운동을 말한다. 헬스클럽까지 걸어가는 데 땀이 나면 그것으로 준비운동은 한 셈이다. 몸이 무겁다고 느끼면 가볍게 온몸을 풀어주는 스트레칭을 해도 좋다. 스트레칭은 작은 근육부터 움직이는 것이 방법이다. 먼저 손목과 발목을 돌려서 충분히 풀어준 후 목을 당겨서 스트레칭을 한다. 그다음 팔과 다리를 푼 후 허벅지 뒤쪽과 등을 스트레칭한다.

준비운동이 끝나면 본격적인 운동으로 들어간다. 운동 시간이 1시간 이상으로 충분하다면 유산소운동을 20~30분 정도 한 후 부위별 근육운동을 시작한다. 근육운동을 하기 전에는 부위별로 스트레칭하여 몸의 긴장을 풀어주는 것이 우선이다.

근육운동은 한 가지 운동이 끝나면 그에 따른 부위별 스트레칭을 한 후 다음 운동으로 넘어간다. 각 운동 사이의 쉬는 시간은 1분을 넘지 않는 것이 좋다.

쉬는 시간에 물을 한 모금씩 마시는 것은 도움이 된다. 만약 운동 시간이 30분 내외로 짧으면 하루는 유산소운동, 다음은 근육운동으로 두 가지 운동을 번갈 아가며 하는 것이 좋다. 그렇다 하더라도 운동 전후의 스트레칭은 꼭 하는 것이 효과적이다.

근육운동은 계획적이어야 한다

근육운동을 할 때 한 부위만 집중적으로 하는 것은 좋지 않다. 무리 하게 근육운동을 한 후에는 48시간 동안 쉬어주는 것이 좋다(운동을 매일 하기 어려운 직장인들에게는 반가운 이야기다)고 전문가들은 말한다. 매일 같은 부위의 근 육운동을 지속하는 것이 근육에 무리가 갈 수 있다는 이야기다. 특정한 부위를 혹사시키는 근육운동은 좋지 않으며 몸 근육을 6개 부위(가슴, 등, 어깨, 팔, 하체, 복근)로 나누어 계획적으로 운동한다.

남성들은 복근이나 가슴 근육을 키우기 위해 집중적으로 그 부위만 운동하 는 경향이 강하다. 당장 몇 달 후 많은 사람들 앞에서 가슴 근육을 보여줘야 하 거나 내일 모레 가슴 근육 자랑하기 대회에 나가야 하는 상황이 생기면 모를까, 일반적으로 운동을 하는 사람은 전신을 골고루 운동해야 균형 잡힌 건강한 몸 매가 된다(너무 당연한 사실이고 20대를 훌쩍 넘긴 사회인들이라고 해도 헬스클럽에 오면 한 가지 생각에 너무 집중하는 경향이 크다. '보란 듯이 몸짱 되고 말 테다!').

이런 생각 때문에 여러 가지 사고가 생긴다. 기구를 사용하는 운동은 스스로 강도를 조절하고 늘 주의해야 함에도 그 사실을 망각하게 되기 때문이다. 근육 운동 전에 준비운동을 하고 정확한 자세를 취해 천천히 운동하는 것은 아무리 강조해도 지나치지 않다. 헬스클럽에 다니고 나서부터 관절이 아프다고 하는 사람들 대부분은 정확한 자세를 모르는 상태에서 운동을 하는 중이거나 무리하게 무거운 중량을 들어 자세가 흐트러지기 때문이다.

근육운동을 할 때 주의할 점 중의 하나가 힘을 쓰거나 무거운 것을 들어올릴 때 숨을 참는 것이다. 숨을 참으면 호흡을 천천히 하면서 운동을 할 때보다 무거운 중량을 들어올릴 수는 있지만 이는 무리하게 운동을 하고 있다는 증거다. 숨을 참고 힘을 쓰게 되면 혈압이 급격하게 상승하고 심장에 많은 부담을 줄 수 있다. 반드시 자신의 체격과 체력에 맞춰서 운동하는 것이 중요하다.

근육운동의 순서는 가슴, 등, 어깨, 팔, 하체, 복부 순서가 일반적이다. 보통 하체에 힘이 빠지면 몸 전체의 힘이 풀려 남은 운동을 효과적으로 하기 어렵다. 헬스클럽을 처음 이용하는 초보자는 근육이 어느 정도 자리 잡을 때까지 6개 부위의 근육운동을 모두 하는 것이 좋다. 덤벨이나 기구를 이용할 때는 무게를 적게 하여 저강도로 하며 각 동작마다 10회~12회를 1세트로 하여 3~5세트 실시하면 적당하다. 각 세트가 끝나면 운동한 부위의 근육을 풀어주는 스트레칭을 하고 30초~1분간 휴식을 취한 후 다음 동작을 한다. 근육통이 사라지고 근육이 어느 정도 자리를 잡으면 강도를 높여 하루에 1~2부위의 근육운동을 집중적으로 한다. 이러한 집중적인 운동 또한 미리 계획을 세워야 하며 세트 사이에 휴식을 취하고 스트레칭으로 근육을 풀어주는 것을 잊지 않는다.

점심시간을 이용해 헬스클럽에 가는 것은 독

점심시간 짬을 내 헬스클럽에서 운동을 하면 어떨까. 직장인이라면 한 번쯤 생각해보았음직하다. 하지만 점심시간을 이용하기 위해 식사 시간을 줄여야 하는데 이는 앞서 식사 전략에서도 이야기했듯 결코 좋은 방법이 아니다.

식사는 가급적 천천히 여유를 갖고 하는 것이 건강과 다이어트를 위해 좋다. 뿐만 아니라 식사를 하는 동안 몸속의 혈액은 소화기관의 내장 근육에 집중하게 되는데, 운동을 하면 내장 근육에 몰렸던 혈액이 골격근으로 옮겨가 소화가 힘들어진다. 결국 급하게 식사를 한 데다 소화기관의 운동이 방해를 받게 되고, 이런 과정이 반복되면 위장에 부담을 주어 만성소화불량, 기능성위장장애 등 각종 소화기관련 질병들을 가져올 수 있다.

특히 심혈관계 질환이 있는 사람은 점심시간에 운동하는 것을 삼가야 한다. 식사 후에는 원래 혈압이 상승하는데 심혈관계 질환이 있을 경우 식후 운동을 하면 혈압이 더욱 높아져 위험해질 수 있다.

운동 전
몸의 온도를
높여주는
워밍업 스트레칭

동작을 시작하기 전 숨을 들이마시고 동작을 하면서 숨을 내쉰다. 동작을 할 때 호흡은 자연스럽게 하고 동작을 최대한 크게 한 상태에서 10초간 멈춘 후 원래 자세로 돌아온다.

1

양손을 쫙 편 채 모으고
엄지손가락으로 턱을 받쳐올려
목 앞부분과 뒷목을 풀어준다.

2

양손을 머리 뒤에서 깍지 끼고
고개를 숙여 팔꿈치를 모으며
천천히 고개를 숙인다.

3

어깨에 힘을 빼고 한 손을
반대쪽 옆머리에 대고 충분히
눌러준다. 반대쪽도 실시한다.

4

고개를 숙인 상태에서
오른쪽으로 크게 돌린다.
정수리로 큰 원을 그리듯
천천히 고개를 돌린다. 반대쪽도
실시한다.

5

양손을 어깨에 가볍게 올리고
팔꿈치를 앞에서 뒤로 3회 크게
돌린다. 연이어 뒤에서 앞으로
3회 크게 돌린다.

6

한쪽 팔을 머리 뒤로 넘겨
구부리고 반대쪽 팔로 팔꿈치를
눌러 팔뚝 안쪽의 근육을
풀어준다. 반대쪽도 실시한다.

7

한쪽 팔을 곧게 쭉 뻗고 다른
팔을 접어 팔꿈치를 눌러준다.
이때 고개를 접은 팔의
반대쪽으로 틀면 스트레칭
효과가 더욱 크다. 반대쪽도
실시한다.

8

양손을 등 뒤에서 깍지 끼고
고개를 뒤로 젖혀 가슴을 활짝
편다.

9

손바닥이 바깥쪽을 향하게 깍지
끼고 쭉 펴면서 등을 동그랗게
만다. 10초간 유지한 후 좌우로
기울여 10초씩 유지한다.

10

시선은 정면을 향한 채 한 발을
앞으로 내딛고 엉덩이를 내린다.
뒤에 있는 다리는 무릎을 굽히지
않고 곧게 편다.

11

다리를 곧게 펴고 선 자세에서
상체를 숙여 최대한 내려오면
10초간 정지한다. 양발을 교차해
서서 동작하면 스트레칭 효과가
더욱 크다.

12

발목을 바깥쪽으로 꺾어
10초간 눌러준 다음 안쪽으로
꺾어 10초간 누른다. 반대쪽도
실시한다.

헬스클럽에서 근육 있는 몸매로 거듭나기

모든 동작은 10회를 1세트로 한다. 세트와 세트 사이의 휴식 시간은 1분을 넘기지 않고 짧게 휴식을 두고 운동하면 약간의 유산소운동 효과를 볼 수 있어 체지방 감량에 도움이 된다. 근육운동은 많이 한다고 좋은 것이 아니라 어떻게 하느냐가 중요하다. 자세를 정확히 익혀 운동하고 한 운동이 끝난 후에는 운동 부위의 근육을 풀어주는 스트레칭을 3회 반복한다.

탄력 있는 가슴 근육 만드는 벤치프레스 | 5세트

1

벤치에 누워 어깨너비보다 두 배 넓게 바벨을 잡는다.

*17~18kg 정도 나가는 봉의 무게를 감안하여 바벨의 중량을 결정한다. 초보자는 5kg이 적당하다.

2

천천히 숨을 내쉬며 바벨을 들어올린다. 팔꿈치를 완전히 펴지 않고 약간 구부린 상태에서 바벨을 내린다.

*바벨이 머리 뒤로 넘어가지 않도록 한다.

3

숨을 들이마시며 바벨을 가슴 아래쪽에
닿도록 천천히 내려 3초간 유지한 후 다시
들어올린다.

*팔이 아닌 가슴의 힘으로 버틴다.

마무리 스트레칭

무릎을 곧게 펴고
상체를 숙여 엉덩이와
허벅지 근육이
풀리도록 10초간
유지한다.

등의 잔근육을 다듬는 랫풀다운 | 5세트

1

허리와 가슴을 펴고 앉은 후 기구 손잡이를
가볍게 쥔다.

*손잡이를 어깨너비보다 넓게 잡는다.

2

가슴을 바깥쪽으로 내밀면서 손잡이를
가슴 앞쪽으로 잡아당겨 3초간 유지한
후 처음 동작으로 돌아간다.

*팔꿈치를 최대한 뒤로 보내 가슴을
벌리고 어깨를 뒤로 젖혀 등 근육을
최대한 움직인다.

마무리 스트레칭

양손을 등 뒤에서 깍지
끼고 고개를 뒤로 젖혀
가슴을 활짝 연다.

균형 잡힌 어깨선 만드는 덤벨숄더프레스 | 5세트

1

허리를 펴고 의자에 앉아 팔을 굽혀 덤벨을
눈높이까지 들어올린다. 덤벨이 눈높이보다
더 내려가면 어깨 근육의 긴장이 풀려 운동
효과가 떨어진다.

2

숨을 내쉬며 빠르게 팔을 올려 덤벨을
머리 위에서 모아 3초간 유지한 후 숨을
들이마시며 눈높이까지 내린다.

＊팔을 완전히 펴지 않고 팔꿈치는 살짝
구부린 상태를 유지한다.

마무리 스트레칭

양손을 어깨에 올리고
팔꿈치를 앞에서 뒤로
5회, 앞으로 5회 크게
돌린다.

팔뚝 라인이 살아나는 덤벨컬 | 5세트

1

한쪽 손에 덤벨을 들고
양발을 어깨너비로
벌리고 선다.

＊팔꿈치는 완전히 펴지
말고 살짝 구부려야
관절에 무리가 가지
않는다.

2

숨을 내쉬며 덤벨을 어깨 쪽으로 빠르게
당긴다. 손가락을 가슴 안쪽으로 틀어 3초간
유지한 후 숨을 들이마시며 준비 자세로
돌아간다.

＊어깨부터 팔꿈치까지는 움직이지 않는다.

마무리 스트레칭

한쪽 팔을 곧게 뻗고
반대쪽 팔을 접어
팔꿈치를 눌러준다.

탄력 있는 하체 만드는 레그프레스 | 5세트

1

기구에 앉아 무릎을 구부린 각도가 직각이
되도록 등쪽 패드와 발받침의 길이를
조절한다.

2

숨을 내쉬면서 발받침을 밀어 다리를 편다.
무릎이 살짝 구부러진 상태에서 3초간
유지한 후 숨을 들이쉬며 무릎을 구부린다.

*발받침 가운데에 양발을 놓으면 허벅지
근육운동이 되고 발끝을 위쪽 가로선에
맞추어 대고 운동하면 엉덩이와 다리 뒤쪽
근육을 자극해 힙업 효과를 얻을 수 있다.

마무리 스트레칭
양손으로 한쪽 발끝을 잡고 엉덩이에
닿도록 충분히 당긴다.

물렁한 복근을 단련하는 디클라인벤치크런치 | 5세트

1

경사를 조절할 수 있는 벤치에 발목을
고정하고 앉아 양손을 머리 뒤에 가볍게
얹는다.

＊경사가 높을수록 운동 강도가 높으므로
초보자는 가장 낮은 단계로 각도를
조절한다.

2

숨을 내쉬며 등을 둥글게 마는 느낌으로
상체를 올린 후 다시 천천히 내려와 준비
자세로 돌아간다.

＊엉덩이에 힘이 들어가면 반동을 이용하게
되므로 복근운동의 효과가 떨어진다.

마무리 스트레칭
고개를 바닥에 대고 양손은 어깨 옆에
두고 엎드린 후 숨을 들이마시면서
상체를 일으킨다.

허리 근육을 강화하는 백익스텐션 1 | 5세트

1

자신의 신체에 맞게 기계를 조정한 후 발을
고정한다. 양손은 허리 뒤로 깍지 끼고
상체는 긴장을 풀어 아래로 떨군다.

2

숨을 내쉬면서 등과 허리 근육을 의식하며
천천히 상체를 들어올려 10초간 유지한 후
숨을 들이마시며 준비 자세로 돌아간다.

*운동의 강도를 높이고 싶다면 양손을 머리
뒤로 올려 동작을 실시한다.

마무리 스트레칭
누워서 무릎을 가슴 쪽으로 당겨 몸을
둥글게 만다.

흐르는 옆구리 살을 잡는 백익스텐션 2 | 5세트

1

자신의 신체에 맞게 기계를 조정한 후 발을
고정하여 옆으로 몸을 기댄다. 기댄 쪽 손은
허리에 반대쪽 손은 귀 뒤쪽에 놓는다.

2

숨을 내쉬면서 옆구리 근육을 의식하며
천천히 상체를 들어올려 10초간 유지한 후
숨을 들이마시며 준비 자세로 돌아간다.

마무리 스트레칭

양팔을 벌리고 누워 한 발을 올려
반대편으로 떨어뜨린다. 고개는
반대쪽으로 돌린다.

운동 후
근육을 풀어주는
릴렉스 스트레칭

1

무릎을 구부리고 앉아 양손을 바닥에 대고
앞으로 쭉 뻗는다. 어깨가 바닥에 닿는
느낌이 들 정도로 눌러준다.

10초간 유지한 후 좌우로 기울여 10초씩
유지한다.

＊엉덩이가 뜨지 않도록 한다.

2

다리를 쭉 펴고 누워 한쪽 다리를 옆으로
접어 끌어당긴다. 반대쪽도 실시한다.

3

한쪽 다리를 반대쪽 허벅지 안쪽에 대고
상체를 숙여 양손으로 발끝을 잡는다.
반대쪽도 실시한다.

*시선은 발끝을 향한다.

4

양발을 어깨너비로 벌리고 선 자세에서
양손으로 한쪽 발끝을 잡고 엉덩이에 닿도록
충분히 당긴다. 반대쪽도 실시한다.

5

다리를 곧게 펴고 앉아 한쪽 다리를 반대쪽
다리 옆으로 넘긴다. 한쪽 손은 바닥을 짚고
반대쪽 팔꿈치로 무릎을 밀면서 상체를 튼다.

*고개는 최대한 뒤로 돌린다.

6

누워서 무릎을 가슴 쪽으로 당겨 몸을
둥글게 만다.

*숨을 내쉬면서 무릎을 더 당기면 허리
근육을 풀어주는 효과가 있다.

7

양팔을 벌리고 누워 숨을 들이마시면서 한
발을 올리고 숨을 내쉬면서 반대편으로
떨어뜨린다. 반대쪽도 실시한다.

*고개는 반대쪽으로 돌린다.

숨을 내쉬면서 고개를 뒤로 더 젖혀 10초간 유지한다.

*손바닥을 밀면서 상체를 일으킨다.

8

고개를 바닥에 대고 양손은 어깨 옆에 두고 엎드린 후 숨을 들이마시면서 상체를 일으킨다.

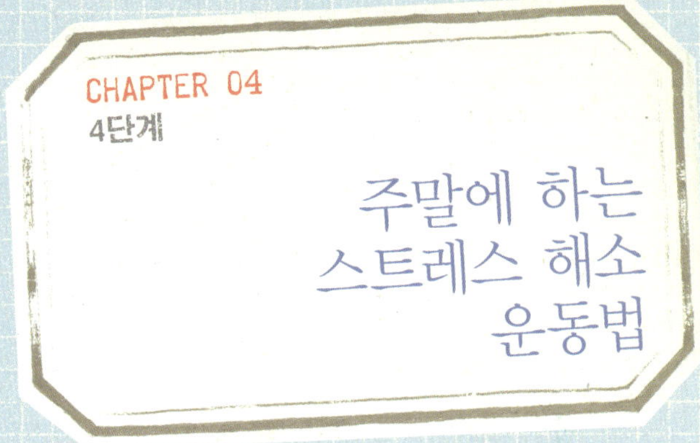

주말에 하는 스트레스 해소 운동법

잠으로 가득한 주말은 두통을 키우고
운동으로 꽉 채운 주말은 피로감을 더할 뿐이다.
제대로 휴식하고 적절히 운동할 수 있는
주말의 현명한 운동법을 소개한다.

주말에는
등산을 할까
수영을 할까

살빼기에 대한 관심이 늘면서 규칙적으로 운동하는 직장인이 늘어난 것은 사실이다. 20~30대의 젊은 직장인 중에는 살빼기와 몸짱 열기에 편승해 운동하는 이들이 많으며 40대 이상의 중년층 직장인은 체력을 키우고 건강을 다지기 위해 운동을 시작한다. 운동에 대한 인식은 높아지고 저마다 자신에 맞는 운동법을 찾아 노력하고 있지만, 사회생활을 하다보면 평일에 운동하는 일이 마음처럼 쉽지는 않다. 결국 일주일의 운동 스케줄은 주말로 밀려나는 경우가 많다. 그래서 많은 직장인이 휴식을 취하고 에너지를 충전해야 하는 주말이면 운동에 대한 강박관념을 갖게 된다. 불현듯 생각난 것처럼 등산모임을 기획하거나 한 달에 겨우 한두 번 헬스클럽을 가는 것도 주말에 이루어지는 일이다. 주말에 운동을 하려는 직장인들은 그간의 게으름을 만회하기 위해 열심히 유산소운동을 하고 몸매를 다지기 위한 근육운동에 돌입한다.

하지만 평소 운동을 잘 하지 않는 데다가 식습관에는 큰 변화 없이 주말에 몰아서 운동을 하는 것이 과연 도움이 될까? 물론 운동을 하지 않는 것보다 일주일에 한 번 운동을 하는 것은 여러모로 도움이 될 것이다. 그러나 체중 감량의 효과를 얻기는 어렵다. 그저 운동을 했으니 기분을 전환하는 차원이거나 건강해진 것 같다는 자기 위안이면 모를까.

무리한 운동은 차라리 노동이다

평소 운동을 하기 쉽지 않은 만큼 주말의 운동은 가벼운 마음으로 시작하는 것이 좋다. 일주일 동안의 피로와 스트레스를 가볍게 푼다는 기분 전환의 차원으로 하는 것이 좋다. 피로에 지친 상태에서 주말 아침까지 새벽에 일어나 무리하게 운동하는 것은 차라리 노동에 가깝다. 피로가 누적된 상태에서 벼락치기 식의 운동을 하면 스트레스 호르몬의 분비가 늘게 되고 자율신경계 기능이 떨어져 혈압 등에 문제가 생길 수 있다. 특히 고혈압이나 당뇨 등의 만성질환이 있는 사람은 갑작스러운 무리한 운동을 하는 것에 더욱 주의를 기울여야 한다. 몸이 운동에 적응할 수 있는 워밍업의 단계가 필요하다.

주말에 운동할 계획을 세웠다면 먼저 수면을 충분히 취하고 피로를 어느 정도 덜어낸 상태에서 운동을 시작한다. 운동하는 동안 작동하는 교감신경과 안정을 취할 때 작용하는 부교감신경이 교대로 활성화가 되어야만 건강한 상태가 유지될 수 있다.

만약 주5일 근무를 하는 직장인이라면 토요일은 충분히 휴식을 하고 30~60분 정도 집 주변의 공원이나 산책로에서 가벼운 걷기운동으로 몸을 푼다. 그런 다음 일요일에 등산을 하거나 수영, 댄스 등의 취미활동을 하는 것은 평일에 미뤄두었던 운동에 대한 강박관념을 해소하는 아주 괜찮은 스케줄이다.

칼로리가 소모되어 체지방 감량 효과를 얻기 위해서는 빠르게 걷는 파워워킹(자세한 내용은 192쪽 참조)이 운동 효과가 있지만 현재 과체중의 범주 안에 있다면 천천히 걷는 것이 건강에 좋다. 실제로 한 연구 결과에 따르면 비만인 사람의 경우 보통 걸음보다 천천히 걷는 것이 관절의 손상 위험을 낮추면서 칼로리 소비율을 높인다고 한다.

등산

　수영, 등산, 축구, 조깅 등 주말을 이용해 할 수 있는 운동 중에서 소모되는 열량이 가장 높은 것이 등산이다. 등산은 1시간당 600~1080kcal를 소모하는 운동으로 시간당 소모 칼로리가 120~300kcal인 걷기, 360~420kcal인 빨리걷기, 360~500kcal인 수영, 870kcal인 달리기보다 높다. 이처럼 등산은 많은 에너지를 소비하는 유산소운동의 범주에 속하며 그런 만큼 등산을 꾸준히 하게 되면 체중 감량에 효과가 있는 것도 사실이다. 근육운동의 효과도 빼놓을 수 없다. 오르막길과 내리막길을 걷는 과정을 통해 근육이 단련되어 무릎과 허리를 탄탄히 할 수 있어 중년층의 직장인들에게도 적극 권할 만한 운동이다.

1 피톤치드가 심신을 치유한다

　무엇보다 자연을 직접 접하며 기분 전환을 할 수 있다는 점이 등산의 가장 큰 매력일 것이다. 일상에서는 감지하기 어려운 계절의 변화를 가까이에서 느끼고 함께 호흡할 수 있다는 것은 직장인들에게는 더할 나위 없는 즐거움이다. 산을 오르는 동안 흘리는 땀방울은 사무실이나 출퇴근 길에 흘리는 땀과는 달리 상쾌한 느낌으로 다가온다. 산속에서 느낄 수 있는 상큼하고 청량한 공기는 나무가 뿜어내는 피톤치드로부터 기인한다. 피톤치드는 나무의 잎과 줄기, 몸통, 뿌리 등 나무의 모든 부위에서 나오는 분비물로 나무에 붙어 기생하는 유충을 없애기 위한 것이다. 등산을 할 때 맡을 수 있는 풀 냄새, 나무 냄새, 나뭇가지를 부러뜨렸을 때 나오는 강한 향의 진액이 바로 피톤치드다. 피톤치드로 인해 등산을 하는 동안 긴장과 피로가 풀리는 느낌을 받을 수 있으며 스트레스를 완화하고 인체의 면역력을 높이는 효과를 얻을 수 있다.

　주말을 이용한 가벼운 등산은 트레킹trekking이라고 불러도 무방할 것 같다. 트레킹이란 가벼운 배낭을 메고 산이나 강, 들판을 여유롭게 걸으며 사색하고 자연을 감상하는 레저스포츠다. 등산처럼 정상을 정복한다는 목적이 있는 것이 아니라 산기슭을 걸으며 자연 속을 여행하는 것에 가깝다. 산을 오르는 일이 익숙하지 않고 부담스럽다면 트레킹의 개념으로 등산을 시작하는 것도 좋은 방법이다. 다만 엄밀한 의미에서의 등산을 시작하든 가벼운 마음으로 취미 삼아 시작하는 트레킹이든 산을 오르고 걷는 데는 사전 지식과 준비가 필요하다. 산은 일상적으로 생활하는 공간이 아니라 변화의 요인이 많은 낯선 환경이기 때문에 그에 대한 대비가 있어야 안전하게 등산을 즐길 수 있다.

2 등산으로 체력을 소진하지 말라

　등산은 아침 일찍 시작하여 해가 지기 한두 시간 전에 끝내는 것이 좋다. 등산 코스는 자신의 평소 운동 습관과 체력의 정도에 따라 달라질 수 있는데, 일주일에 한 번 취미 삼아 등산을 하는 경우라면 하루 산행은 길어도 4~5시간 이내로 할 것을 권한다. 산에서 내려왔을 때 다리가 풀리고 기력을 완전히 소진한 상태가 되면 그날의 등산이 자신의 체력에는 무리라는 뜻이다. 등산을 마친 후에도 체력이 어느 정도 남아 있어야 다음 날 직장생활에 지장이 없다. 어떠한 운동이든 마찬가지겠지만 무리한 등산은 오히려 독이 될 수 있다. 특히 혈압이 높은 사람, 순환기에 이상이 있는 사람은 무리하게 등산 코스를 짜는 일은 삼가야 하며 산을 오르는 동안에도 중간중간 휴식 시간을 조절하면서 걷는 것이 바람직하다.

　일반적으로 등산 초보자의 경우에는 30분 정도 걷고 5~10분 정도 휴식을 취하는 것이 보통이다. 굳이 시간을 재면서 등산할 필요는 없으며 산을 오르다 피로를 느낄 때 쉬면 된다. 어느 정도 등산이 익숙해지면 50분 정도 걷고 10분 쉬는 것이 적당하다. 휴식을 취한다고 바위에 털썩 주저앉는 것은 금물이다. 서서 쉬는 것이 다시 산을 오르는 데 불편함이 없으나 만약 하체에 피로를 많이 느낀다면 다리를 약간 높게 올려놓은 자세로 앉아서 쉬면 도움이 된다.

걷는 방법을 제대로 알면 등산 중의 피로감을 적게 느낄 수 있다. 걷는 방법은 오르막길과 내리막길에 차이가 있다. 오르막길에서는 앞 발끝부터 내딛고 신발 바닥 전체를 지면에 밀착시키며 걸어야 안전하다. 보폭은 크지 않게 걷되 걷는 속도와 호흡은 일정한 리듬을 유지하면서 천천히 걸어 오른다. 등산이 익숙하지 않은 초보자를 기준으로 한다면, 평지에서 걷는 속도의 절반 정도가 오르막길을 오르는 데 적당하다. 너무 빠른 속도로 오르다 힘이 들어 중간에 한참을 쉬어가게 되면 피로가 한꺼번에 몰려오기 쉽다. 오랜 휴식으로 인해 긴장이 이완된 상태에서 다시 오르막길을 오르는 것이 쉽지 않으니 가능한 짧게 쉬는 것이 좋다. 내리막길에서는 발이 지면에 닿을 때 발의 앞부분이 아니라 뒤꿈치가 먼저 닿게 걸어야 한다. 앞꿈치가 먼저 닿으면 몸의 무게중심이 앞으로 옮겨져 걷는 속도가 빨라진다. 내리막길에서 빨리 걷다보면 중심이 무너지면서 미끄러지거나 넘어지기 쉽다. 평지를 걸을 때보다 무릎을 더 구부리는 느낌으로 탄력 있게 걸어야 무릎과 허리에 가해지는 부담이 적다. 당연한 이야기지만 내려오는 길에는 절대 뛰어서는 안 된다.

등산을 하다가 발을 헛디뎌 발목이 꺾이면서 발목을 삐는 경우가 있다. 부러진 것은 아니어서 걸을 수 있는 정도라면 대다수의 사람들은 대수롭지 않게 여긴다. 그러다 1~2주 지나 통증이 심해 걸을 수 없게 되면 병원을 찾는 것이 보통이다. 가벼운 접질림이라면 1~2주 동안 온찜질을 하거나 파스를 붙이고 안정을 취하면 자연스럽게 나을 수 있다. 하지만 정도가 심하면 자가치료로는 나아지기 어렵다. 발목 관절을 지탱해주고 있는 인대가 손상되었거나 늘어난 경우에는 경중에 따라 압박붕대, 반(半)깁스, 석고 고정 등을 해줘야 하므로 통증이 있을 때는 곧바로 병원을 찾는다.

3 등산은 차림이 중요하다

등산 초보자와 고수의 차이는 옷차림으로 알아본다고들 한다. 알록달록한 등산용 점퍼나 투박해 보이는 등산화의 가격은 보기와는 달리 만만치 않다. 구입해야 하는가 말아야 하는가 하는 고민이 등산을 해야 하나 말아야 하나 하는 근본적인 문제로 이어지는 경우가 있는데 굳이 모든 의상을 완벽하게 갖출 필요는 없다. 등산에 흥미를 느끼고 꾸준히 하게 될 경우 차근차근 구입하면 불필요한 부담을 줄일 수 있다. 다만 등산 차림의 몇 가지 유의사항을 알아두고 등산복을 고를 때의 기준을 기억한다면 등산 차림을 준비하는 데 도움이 될 수 있다.

첫 번째로 등산복은 소재가 중요하다. 산악지대에서는 평지보다 평균 5도 정도 기온이 낮아 땀이 식으면 20배 정도 빨리 체온이 떨어지게 된다. 따라서 등산복은 땀 흡수가 잘되고 땀을 잘 말리는 원단, 보온 기능이 좋고 비와 바람을 잘 막아주는 기능이 있어야 한다. 그런데 이러한 모든 기능을 한꺼번에 해결해주는 원단은 찾기 어려우며 한두 가지 기능을 겸한 것이 대부분이다. 어떤 원단은 보온이 좋고, 어떤 원단은 비바람에 강하고 어떤 원단은 땀을 잘 흡수한다. 그래서 등산복을 잘 입으려면 몇 가지 옷을 겹쳐 입어 각각의 기능을 보완하는 것이 좋다.

일단 속옷은 몸과 직접 닿는 옷이니 땀을 잘 흡수하고 땀이 잘 마르는 소재가 좋다. 면은 땀 흡수를 잘하지만 잘 마르지 않고, 젖으면 차갑고 무겁다고 느낄 수 있어 등산할 때는 입지 않는 것이 좋다. 대신 쿨맥스라고 불리는 폴리에스터 소재의 합성섬유로 만든 옷이 땀 흡수가 잘되고 빨리 말라 적합하다. 여름에는 쿨맥스 소재의 셔츠만 입거나 그 위에 비와 바람을 막아주는 소재의 외투를 입는다. 찬바람이 불기 시작하면 보온성이 좋은 옷을 입고 그 위에 비나 바람을 막아주는 외투를 입으면 된다. 외투는 나일론, 태피터 원단처럼 물을 잘 흡수하지 않는 것이 좋으며 외투 안쪽에 고어텍스 필름이 코팅되어 있다면 비와 바람을 효과적으로 막을 수 있다.

등산복을 입을 때는 색상도 함께 생각한다. 바지는 때를 덜 타는 어두운 색이 괜찮고 상의 외투는 가볍고 밝은 색상이 좋다. 양말은 꼭 신어야 하는데 땀 흡수가 잘되고 밀리지 않는 면양말이 좋으며 신발은 자신의 발에 꼭 맞는 것을 신는다. 신발을 신을 때는 깔창을 깔고 신발끈을 조여 발이 등산화 안에서 따로 놀지 않도록 해야 한다.

등산할 때 배낭은 체중의 10%를 넘지 않아야 한다. 양손에 등산 스틱을 쓰면 올라갈 때는 체중의 20%, 내려갈 때는 30%의 하중을 팔로 분산시킬 수 있다. 무릎 관절이 약하거나 중년층 직장인의 경우 등산을 하는 도중 무릎 관절이 받는 충격을 흡수하는 연골판이 찢어지기 쉬우므로 등산 스틱을 사용하는 것을 생각해봄직하다. 끝이 무딘 등산 스틱을 사용할 경우 바위를 찍을 때 미끄러져 다칠 위험이 있으므로 구입할 때 끝이 단단한지 체크하고 사용 전에도 다시 한 번 점검한다.

4 등산 전 고단백 · 고지방 식사는 피한다

보통 등산을 하기 전에 고단백 · 고지방의 식사를 해야 한다고 생각하는 이들이 많다. 산에 오르기 위해 힘을 비축하는 것이라고 하는데, 이는 잘못된 상식이다. 고단백식을 하게 될 경우 우리 몸은 대사과정에서 많은 양의 수분을 필요로 하기 때문에 등산할 때 갈증이 심해지며 심각한 경우에는 탈수현상을 일으킬 수 있다. 또한 고지방식을 할 경우 위에서 소화되는 시간이 길어 산을 오르는 내내 체력적으로 부담스러울 수 있다.

등산 전에는 섬유질 함량이 높은 탄수화물 위주의 식사를 하는 것이 좋으며 생수와 오이 등을 준비해 수분 부족에 대비한다. 양갱이나 바나나 등을 준비해 중간에 열량을 보충하는 것도 좋은 방법이다. 등산을 하는 도중 흡연은 금물이다. 일산화탄소가 산소부족 현상을 일으켜 심장에 부담을 주기 때문에 건강에 해롭다.

수영

칼로리 소모 면에서 보자면 수영 역시 강도가 높은 유산소운동이다. 물속에서 하는 운동이기 때문에 물이 체중의 일부를 받쳐주는 역할을 하여 관절에 이상이 있거나 허리 통증이 있는 사람들도 비교적 쉽게 시작할 수 있다. 다리 근육에 부하가 적게 걸리기 때문에 통통한 종아리로 고민하는 사람들도 종아리 근육이 커지는 것을 걱정할 필요 없이 시작할 수 있는 유일한 운동이기도 하다.

1 수영을 시작했는데 살이 빠지지 않는다

수영은 칼로리의 소모가 많은 운동이고 그러한 만큼 수영을 하면 살이 많이 빠진다고들 이야기한다. 하지만 막상 처음 수영을 시작한 사람들은 그렇지 않다고 푸념을 늘어놓는다. 수영을 하고 나면 운동을 꽤 한 듯한 느낌이 드는데 체중에는 변화가 없다고 한다. 그도 그럴 것이 처음 수영을 시작하는 사람들은 수영 동작을 지속적으로 하기 어려워 체중이 줄어들 만큼의 유산소운동이 되기 어렵다. 25m를 한 번 왕복하고 나서 한참 쉰 다음 또다시 왕복하고 나면 50분이 지난다. 이는 마치 수영이 100m 달리기와 같은 운동이 되어 지속적인 강도를 유지하지 못하기 때문에 체중 감량의 효과를 보기 어려운 것이다.

즉 수영으로 살을 빼려면 어느 정도 수영 실력이 있어야 운동 강도를 유지해 유산소운동이 가능하다. 운동으로서 수영은 여름철 해변에서 즐기는 바캉스와는 다분히 차이가 있는 것이다. 심박수를 올리고 체지방이 소모되는 효과를 얻으려면 적어도 20분간 일정한 속도로 수영을 해야 한다. 특히 주말을 이용해 자유 수영을 하기 원한다면 그전에 이미 수영 방법을 익힌 상태여야 한다.

결국 어릴 때 수영을 배워 몸에 익숙해지지 않은 이상 일주일에 2~3회 규칙적으로 수영을 배운 후에라야 주말의 자유 수영이 가능하다는 이야기다. 유산소운동 효과와 더불어 근육을 단련하고 유연성을 키울 수 있다는 점에서 수영은 장점이 많은 운동이지만 수영 동작을 제대로 익히는 데는 어느 정도 의지와 시간이 필요하다. 자유형, 배형, 접형의 자세를 익히는 데 보통 6개월에서 1년 정도의 시간이 필요하다. 다른 영법을 잘하지 못하더라도 자유형을 10분간 지속할 수 있도록 연습을 해야 한다.

2 정확한 자세가 중요하다

어느 정도 수영 방법을 익힌 후 자유 수영을 시작했다면 운동 효과를 높이기 위해 좀더 세심한 동작이 필요하다. 수영은 단순히 팔과 다리를 움직여 물속에서 이동하는 운동이 아니다. 엉덩이와 몸통을 함께 이용해 구르는 듯한 자세가 수영의 기본이다. 호흡을 할 때는 고개를 완전히 옆으로 돌려 입이 수면 위로 나와 있는 상태로 숨을 들이쉬고 고개를 제자리로 돌리면서 물속에서 천천히 숨을 내쉰다. 물속에서의 시선은 수영장의 바닥을 쳐다보는 것이 바른 자세다. 처음에는 100m를 목표로 자유형으로 수영하다가 중간에 멈춰 서는 것도 괜찮다. 점차 익숙해져 10분간 쉬지 않고 수영할 수 있을 때까지 연습한다면 유산소운동의 효과를 볼 수 있다.

수영을 하기 전 준비운동을 빼먹어서는 안 된다. 수영장의 온도는 주위보다 낮기 때문에 준비운동이 부족하면 근육경련이 생길 수 있다. 수영장 주변을 돌면서 근육을 풀어주고 손목, 발목, 팔, 어깨, 무릎, 허리 등의 순서로 가볍게 스트레칭한다. 물속에 들어갈 때는 천천히 몸을 적셔 적응할 시간을 준다.

수영복은 스포츠 전문 브랜드의 것을 고르는 것이 좋다. 해변에서 입는 수영복은 디자인이 중요하지만 수영장에서의 수영복은 기능이 더욱 중요하므로 물속에서 자유롭게 수영할 수 있는 심플한 디자인과 내구성이 강한 소재를 고른다. 수영장에서 수경과 수모는 필수다. 수영장 물에는 박테리아를 없애기 위해 소독약과 염소가 상당량 들어 있어 눈을 자극할 수 있으므로 수경으로 눈을 보호해야 한다. 수영하는 도중 수영장 바닥을 따라 그려진 선도 보아야 하기 때문에 수경은 필수품이다. 수경을 고를 때는 수경알의 테두리에 심이 있고 시야가 넓은 것이 좋다. 수경을 낄 때는 물이 들어오지 않게 눈 주위가 가볍게 눌리는 기분이 들도록 밴드를 조절한다. 수영모 또한 모발의 변색이나 건조를 유발하는 물속의 화학성분으로부터 모발을 보호할 수 있으며 수영 도중 머리카락이 엉키는 것을 방지할 수 있다. 수영모는 실리콘 소재가 머리가 덜 당기고 신축성도 좋다.

3 수영을 하고 나면 배가 고프다

일주일에 3회 정기적으로 수영을 배우든 일주일에 한 번 수영장을 찾아 자유 수영을 하든 체중 감량의 효과를 기대한다면 한 가지 기억해둘 점이 있다. 유산소운동 후에는 칼로리와 수분을 소모한 탓에 공복감이 찾아오는데 수영 후에는 식욕을 더욱 크게 느끼게 된다는 점이다.

강도가 높은 운동을 한 후에는 체온이 올라가게 되는데, 일반적으로 체온이 올라가면 식욕은 자연히 떨어진다. 하지만 수영은 물속에서 하는 운동이기 때문에 체온이 지상에서 하는 운동만큼 올라가지 않아 에너지를 소모한 만큼 식욕을 느끼게 된다. 그래서 수영을 한 후에는 유난히 갈증이 심하고 공복감이 밀려올 수 있다. 수영 후에 먹는 간식이나 식사는 곧바로 살로 갈 수 있으니 주의해야 한다. 특히 갈증이 나서 먹는 콜라 같은 탄산음료나 액상과당이 들어간 과일 주스는 다이어트에 치명적이니 주의한다. 수영을 하기 1~2시간 전 간식을 먹거나 식사를 하여 공복감이 생기는 것을 막는 것이 좋다. 다른 모든 운동이 그러하듯 식습관을 건강하게 조절하고 수영을 꾸준히 한다면 다이어트 효과는 그만큼 커질 수 있다.

자전거 타기

자전거 타기는 걷기나 달리기와는 달리 체중을 감당할 필요가 없는 운동이다. 척주나 관절이 체중을 지탱하는 것이 아니라 자전거가 체중을 지탱해주는 하체 회전운동으로 관절에 미치는 부하가 적다. 따라서 과체중으로 인해 걷거나 달릴 때 무릎이나 발목에 통증을 느끼는 경우라면 자전거를 이용해 운동의 효과를 얻는 것은 좋은 방법이다.

1 체력 부담은 적고 운동 효과는 크다

체력 부담이 적다고 하여 자전거의 운동 효과가 떨어지는 것은 아니다. 자전거는 비교적 낮은 강도에서 운동을 하기 때문에 심장과 폐를 튼튼하게 하고 칼로리의 소모 효과가 있는 유산소운동이다. 속도와 경사, 몸무게에 따라 다르기는 하지만 실제로 걷기와 달리기의 중간 강도로 달릴 경우 한 시간에 약 360kcal를 소모할 수 있다.

더불어 혈관과 관련된 갖가지 질환을 개선할 수 있다. 세계보건기구WHO에 따르면 자전거를 1년 이상 꾸준히 탈 경우 심장병, 당뇨병, 비만 발병의 가능성이 약 50% 감소하고, 고혈압 발생위험은 약 30% 감소한다는 연구 결과가 있다.

자전거는 단순히 유산소운동의 효과만 있다고 여기기 쉽지만 몸매를 탄탄히 가꾸는 데 있어서도 효과적이다. 자전거 페달을 한 번 밟을 때 전신의 근육을 모두 사용하게 되는데 그 과정은 다음과 같다. 먼저 자전거 페달을 밟으려면 본능적으로 자전거 핸들을 강하게 움켜쥐게 되어 손목의 근육을 강화시켜주는 효과가 있다. 손목에서 시작된 힘은 팔을 거치면서 페달을 밟는 동안 아랫배까지 차례로 이동하여 그 부위의 근육을 긴장시킨다. 페달을 아래로 밟으면서 배에 전달된 힘은 허리 뒤쪽으로 이동하고 이 힘은 허벅지를 거쳐 무릎과 발목까지 전달된다. 자전거를 타는 동안 힘이 전신으로 분산되기 때문에 근육이 골고루 발달될 수 있는데 특히 엉덩이 아래 부분과 허벅지, 종아리의 근육운동 효과를 가져온다. 이들 부위는 근육 중에서도 넓은 부위의 근육에 해당하는데 자전거 타기의 동작은 이들 근육을 격렬하게 움직이도록 하여 많은 칼로리를 소모시킬 수 있다.

2 1시간이 적당하다

장시간 주행하면 허벅지와 엉덩이, 꼬리뼈에 통증이 생기므로 초보자의 경우에는 무리하게 경사진 언덕을 오르거나 정해진 시간을 꼭 채워 타지 않는 것이 좋다. 처음 몇 주 동안은 자전거 타기를 운동이 아니라 여유 있는 시간을 즐기는 레저의 방법이라고 생각하고 운동에 대한 부담을 더는 편이 좋다.

자전거를 타기 전에는 발목과 허벅지의 앞쪽과 바깥쪽 근육을 풀어주는 스트레칭 동작을 해야 한다. 자전거를 탈 때 부상이 일어나는 경우는 대부분 넘어지거나 충돌할 때 일어나는데 발목과 허벅지가 충격을 받는 경우가 많다. 때문에 자전거를 타기 전에는 적어도 10분 정도 스트레칭을 하는 것이 운동의 효과적인 측면은 물론 안전을 위해서도 좋다. 부상을 방지하기 위해서는 헬멧을 착용하는 것이 바람직하며 통풍이 잘되면서 팔과 다리가 노출되지 않는 옷을 입으면 찰과상을 피할 수 있다.

자전거를 타고 난 후 허벅지나 엉덩이, 꼬리뼈에 통증이 생기거나 물집이 잡히는 경우가 있는데 이는 대부분 안장의 높이를 잘못 맞추어 생긴 결과다. 안장은 발을 페달에 얹고 지면 쪽으로 최대한 내린 상태에서 무릎이 구부러진 각도가 20~30도 되는 높이가 적당하다. 안장이 너무 높으면 무릎 뒤쪽에 무리가 가고 안장이 너무 낮으면 무릎 앞쪽에 통증이 생기기 쉽다. 안장에 앉아 편안한 자세가 되도록 높낮이를 조절하고 자전거를 타는 도중 핸들을 잡은 손의 위치를 자주 변경하여 어느 특정 부위의 근육에 무리가 가지 않도록 한다. 발목에 통증이 온다면 페달에 놓인 발의 위치에 문제가 있거나 양쪽 페달을 밟는 힘이 균등하지 못하기 때문이다. 페달을 밟는 발은 안쪽이나 바깥쪽으로 치우치지 않도록 페달의 가운데 놓고 양쪽에 힘을 균등하게 실어 페달을 밟도록 한다. 신발은 바닥에 힘이 골고루 분산될 수 있도록 바닥이 무르지 않고 딱딱한 것이 좋다.

3 평지에서 오래 한다

자전거 타기는 너무 빠르거나 느리지 않는 것이 좋다. 본격적으로 자전거를 탈 수 있는 수준이 되면 자신의 체력에 맞게 페달 회전수와 달리는 시간을 조절하여 몸에 무리가 가지 않도록 한다. 운동 삼아 자전거를 타는 경우 평균 시속은 20km/h가 적당하다. 자전거 선수들은 40km/h를 넘는 속도로 주행하기도 하지만 일반인이 시속 25km/h를 넘는 빠른 속도로 달릴 경우 지방 대신 단백질이 소모되어 몸에 무리가 따르게 된다.

자전거 타기로 체중 감량의 효과를 얻으려면 기어는 보통으로 하고 평지에서 오래 타면 된다. 오르막길을 오르거나 기어를 바꾸는 등 운동의 강도를 높이지 않는다면 하체의 근육이 비대해지지는 않는다. 사이클 선수들의 허벅지가 엄청나게 굵은 것은 아주 낮은 기어에서 빠르게 운동하기 때문인데 평지에서 자전거를 타면 지방은 소모되고 근육의 탄력은 좋아지는 효과를 얻을 수 있다. 시간 조절 또한 중요하다. 초보자의 경우는 스트레칭을 한 후 평지에서 20분간 휴식 없이 달리는 것이 좋다. 처음 한 달 정도는 20분간 자전거 타기를 한 후 어느 정도 익숙해지면 평지에서 30분간 달리다 5분 정도 경사를 오르거나 기어를 변속하는 등 운동 강도를 높이는 것이 좋다. 오르막길에서는 다리에 힘을 더하기 위해 일어서서 페달을 밟아야 하기 때문에 상체를 앞으로 숙이고 균형을 잃지 않도록 해야 하며, 내리막길에서는 조절 가능한 속도를 유지하여 돌발시 신속히 멈출 수 있는 정도의 속도를 유지해야 한다. 매번 1시간 정도는 기분 좋게 탈 수 있는 실력이면 적당하다. 만약 몸에 무리가 간다고 느끼면 무리하지 말고 그 자리에서 휴식을 취하는 것이 좋으며 어느 정도 자전거 타기가 익숙해질 때까지 운동 시간은 1시간이 넘지 않도록 한다. 특히 남성의 경우 1시간 이상 쉬지 않고 자전거를 타면 전립선이 눌리고 혈액순환이 되지 않아 전립선염에 걸릴 확률이 높아지는 '안장증후군'을 유발할 수 있으니 주의한다.

part 4 건강 전략

다이어트의 성공 여부는 단순히 체중 감량만을 뜻할까? 체중은 줄었지만 기력이 없어 도무지 의욕이
생기지 않는다면, 아름다운 몸매를 가졌어도 음식에 대한 강박증으로 고생한다면 의미가 없다. 진정한
다이어트는 몸과 마음을 건강하게 가꾸는 생활습관에 있다.

속으로 찌는
지방까지 날리는
건강한 생활습관

예전과 똑같이 먹는데 왜 살이 찔까 궁금하다면
하루의 생활 패턴을 꼼꼼히 따져보자.
집에서, 회사에서 나잇살과 뱃살을 찌우는
습관을 버리는 것이 먼저다.

왜 살이 찌냐고 묻지 마세요,
생활습관이 모두 말해주고 있잖아요

보통 직장인이라고 하면 떠오르는 이미지가 있다. 튀지 않는 단정한 외모, 규범을 잘 따를 것 같은 반듯한 인상, 그리고 또 하나 빼놓을 수 없는 통통하게 올라붙은 나잇살이 바로 그것이다. 직장마다 업무의 패턴이 다르고 어떤 일을 담당하느냐에 따라 저마다 개성이 다르긴 하지만 이런 공통된 이미지가 떠오르는 것은 직장인이라면 누구나 공감하는 '직장생활' 때문일 것이다.

언제 어떤 일이 생길지 예상할 수 없는 업무로 야근은 거부할 수 없는 회사생활의 일부이며 회식자리 또한 잊을 만하면 돌아오는 업무의 연장이다. 출근 준비로 아침을 거르는 날이 많아 오전에는 공복을 느끼는 이들이 대부분이고, 점심이면 회사 근처 식당에서 적당히 빈속을 달래줄 메뉴를 고른다. 직장인들의 대다수가 장시간 의자에 앉아서 근무하는 탓에 회사에서는 움직일 틈이 별로 없으며 퇴근 후에는 쉬고 싶은 마음이 커져버린 탓에 운동은 다음 기회로 미루기 일쑤다.

사회생활 잘하는 직장인에게 돌아오는 것은 뱃살과 나잇살이더라

직장인이 되고 나서 시나브로 살이 붙었다는 그들의 푸념은 이러한 일상이 대변해주는 직장생활의 부산물과 같다. 밖에서 먹을 일이 많은 직장인들은 과식할 여지가 많으며 과식은 곧바로 우리 몸속에 피하지방으로 축적된다. 이때 생성된 지방은 신체 각 부위에 골고루 저장되는 것이 아니라 배와 허리 등 복부를 중심으로 축적되어 원하지 않는 뱃살을 만든다. 체중이 불면 뱃살이 가장 먼저 붙는 것과는 달리 복부의 체지방이 에너지로 전환되는 속도는 근육이나 간에 단기 저장된 지방보다 느리다. 때문에 마음에 위안을 주는 가벼운 운동만으로는 체중을 줄이기가 어렵다.

출퇴근 시간이 어느 정도 일정하고 야근과 회식이 없는 직장인이라 하더라도 불어나는 체중 때문에 고민하는 이들이 태반이다. 예전보다 많이 먹거나 생활습관이 특별이 바뀐 것도 아닌데 몸 구석구석 군살이 붙는다. 이른바 '나잇살'이라는 덫에 걸린 것이다. 나잇살은 20대 후반부터 아주 서서히 붙기 시작하는데 그것을 감지하지 못하고 예전의 생활습관을 그대로 유지하게 될 경우, 특히 직장인의 생활 패턴을 여과 없이 따르는 경우라면 30대 중반 이후부터 나잇살은 공격적으로 그 존재감을 드러낸다.

살이 찌는 대로 두면 왜 안 되는 걸까

살이 찐 게 뭐가 어떠냐고 반문할 수 있다. 조선 시대에는 뱃살이 두둑하게 나와야 양반티가 난다고 했고 절세가인 황진이도 알고 보면 볼살이 통통하고 엉덩이가 큰 모양새일 거라고도 했다. 그런데 요즘에 와서 왜 조금이라도 넘치는 살을 보면 얼굴이 굳어지냐는 말이다. 사무실에 앉아 일하는 8할의 사람들이 넉넉하고 푸짐한 모습이거늘, 언젠가부터 몸짱대회에 참가할 후보들 마냥 헬스클럽을 다니기 시작했다. 왜?

외모에 대한 평가는 시대와 사회에 따라 상대적이다. 날씬하다는 기준은 달라질 수 있고 호감을 사는 몸매의 기준도 애매하다. 그저 자신감을 잃지 않을 정도의 바디라인과 행동하는 것이 무겁지 않을, 가볍고 상쾌한 정도의 체중이라면 적당할 것이다. 그 생각은 결국 거울 앞에선 혼자만의 위안인 것일까?

문제는 체중이 건강과 직결되어 있다는 점이다. 비만이라고 판단하는 기준은 보통 BMIBody Mass Index로 이야기한다. 체중을 키의 제곱으로 나눈 수치로 이것이 25에서 30이면 과체중이라 하고 30을 넘어가면 비만이라고 한다.

BMI는 키와 체중을 기준으로 분석한 것으로 외형적인 비만도를 나타내기에 적합하지만 몸속의 비만도를 아는 데는 한계가 있다. 중요한 것은 외적인 비만보다 몸속에 어느 정도의 지방을 가지고 있는가 하는, 체지방률이다. 뚱뚱한 몸매든 말랐다고 생각되는 몸이든 우리 몸속에는 체지방이 있다. 체지방은 우리가 살아가는 데 필요한 에너지원이 되어 몸의 체온을 유지하고 내장을 보호하는 등의 중요한 역할을 한다. 사실상 체지방은 건강한 생활을 위해 어느 정도는 필요한 존재인 셈이다. 그러나 먹고 배설하는 일이 원활하지 않거나 그 균형이 깨어짐으로 인해 우리의 몸속에는 필요 이상의 체지방이 쌓여간다. 체지방이 많은 사람들이 공통적으로 지닌 특징은 장운동이 부족하다는 것이다. 장운동이 부족하면 혈당이 급격히 올라가고 높아진 혈당을 낮추기 위해 인슐린을 분비하게 된다. 인슐린은 쓰고 남은 혈당을 지방으로 변화시켜 몸속에 저장을 하게 되는데 이는 결국 중성지방과 간수치를 높이게 된다.

나잇살 오르는 집에서의 생활습관

1 집에서는 웬만하면 누워 있다

하루 종일 업무에 시달리고 집에 오면 눕고 싶은 게 당연하다. 편안히 쉬는 것은 심신의 피로를 회복하는 데 좋은 방법이다. 하지만 식사 직후 눕는다거나 누워 있는 시간이 1시간 이상 지속되는 것, 특히 TV 앞에서 손 하나 까닥하지 않고 시간 가는 줄 모르게 누워 있는 습관을 갖고 있다면 평소 많이 먹지 않더라도 운동량이 워낙 없기 때문에 나잇살이 서서히 붙는다. 식사 후에는 최소한 30분 정도 몸을 움직이거나 앉아서 소화를 시키고 TV를 볼 때는 간단히 스트레칭하는 습관을 들인다.

2 배가 고파야 밥을 먹는다

회사에서는 식사 시간이 일정하지만 집에서는 내가 원할 때 식사를 할 수 있다. 그런 이유로 배가 고프지 않으면 끼니를 거르기 일쑤고 빵이나 과자 등의 간식으로 허기를 달랜 후 배가 많이 고파졌을 때야 식사를 하게 된다. 공복감이 큰 상태에서 밥을 먹으면 빨리 먹게 되고 원래의 양보다 많이 먹게 된다. 만약 식사를 걸렀다면 거른 한 끼를 보상하려는 마음 때문에 더 많이 먹게 된다. 불규칙한 식사 시간은 몸의 균형을 흐트러뜨리고 과식과 폭식을 불러온다. 집에서도 식사 시간을 정해 규칙적으로 식사하는 습관을 들인다.

3 냄비째 먹는 요리가 더 맛있다

집에서는 음식을 덜어서 먹지 않는 경우가 많다. 예를 들어 과자를 먹을 때 먹을 만큼 덜어내고 먹는 것이 아니라 많은 양이 들어 있는 과자 봉지를 그대로 가져와 먹기 일쑤다. 당연히 얼마큼 먹었는지 가늠하기 어렵다. 반

만 먹어야겠다고 생각했더라도 먹다보면 반을 넘기기 쉽고 애매하게 남기는 것
보다는 아예 다 먹는 것을 택하는 경우가 많다. 식사를 할 때도 마찬가지로 냄
비째, 반찬통째, 밥솥째 먹을 경우 그 양은 늘 자신의 정량을 넘겨 과식을 하게
된다.

4 밤늦게까지 인터넷을 한다

수면 부족은 우리의 생체 리듬을 흐트러지게 한다. 몸의 리듬이
원활해야 신진대사가 원활하고 섭취한 음식의 소화도 원활해진다. 때문에 늦은
시간까지 깨어 있는 것은 좋지 않으며 수면 부족은 만성 피로와 스트레스로 이
어져 몸에 좋은 영향을 줄 리 만무하다. 또 한 가지는 늦은 시간까지 깨어 있다
보면 야식을 찾게 되는데 그 메뉴가 대부분 라면이나 빵처럼 식사를 대신할 만
한 고칼로리의 음식인 경우가 많다는 점이다.

5 집에서는 많이 먹지 않는다고 생각한다

다이어트에 신경을 쓰는 사람일수록 자신은 많이 먹지 않는다고
생각한다. 늘 먹는 양을 의식하고 있기 때문이다. 신경을 쓰는 일이 있거나 식사
시간을 거르게 되면 아예 그 김에 식사를 하지 않으려고 한다. 식사를 하지 않
는 대신 집에서는 간식거리를 찾게 되는데 초콜릿, 사탕, 뻥튀기처럼 먹어도 쉽
게 배가 차지 않는 것들이 대부분이다(그래서 먹고 나도 많이 먹었다는 생각이 들지
않는다). 그러나 먹는 양이 많지 않더라도 식사할 때보다 더 많은 칼로리를 갖고
있어 나잇살이 찌는 원인이 된다.

뱃살 오르는 회사에서의 생활습관

1 점심시간은 언제나 라떼 한 잔으로 마무리한다

점심식사 후의 커피 한 잔은 직장인들에게 달콤한 휴식 같은 것이다. 커피를 마시지 않으면 점심을 마무리하지 않은 것 같은 일종의 습관 때문인 경우가 많다. 하지만 크림과 시럽이 가득 담긴 커피는 지방과 설탕을 듬뿍 먹는 것과 다르지 않다. 달콤한 맛의 커피 한 잔은 500kcal가 훨씬 넘는 고열량이 되기 쉬운데, 이는 한 끼 식사와 맞먹는 열량이다.

2 한번 자리에 앉으면 일어나지 않는 집중력을 발휘한다

책상 앞에 앉으면 서너 시간 넘게 자리에서 일어나지 않는 집중력은 뱃살을 찌우는 데 일조한다. 하루 8시간 넘게 사무실에서 근무해야 하는 사무직 회사원들에게는 다반사인데 중간중간 요령 있게 몸을 움직여주는 것이 좋다. 어떻게든 많이 움직이는 것이 체지방을 소모하는 방법이다. 화장실에 가는 길에 5분 정도 가벼운 스트레칭을 하거나 자리에 앉아 본격적인 업무에 들어가기 전 기지개를 켜는 동작의 스트레칭을 하는 습관을 들이도록 한다.

3 엘리베이터가 있으면 계단은 무조건 피한다

무조건 편한 것만 고집하다보면 체중이 늘게 마련이다. 한창 많이 먹고 활발하게 움직이던 20대 초반을 생각하라. 지금과 똑같이 먹었는데도 그때 사진을 보면 턱선이 예쁘게 살아 있는 모습을 볼 수 있다. 활동량을 생각하면 지금의 흐릿해진 턱선이 설명될 것이다. 무조건 편한 것만 찾는 습관이 뱃살을 찌운다. 짧은 거리는 걸어다니고 3층 정도의 거리는 계단을 이용하는 습관을 갖도록 노력한다.

4 술자리에서 저녁식사를 대신한다

회식자리, 저녁약속 등으로 저녁시간은 술자리가 많다. 일주일에 두세 번은 족히 되는 술자리를 저녁식사로 생각하는 것은 살이 찌는 생활습관 중의 하나다. 저녁을 먹기 전에 술자리에 가면 공복감이 커서 많은 안주를 먹게 되고 술과 함께 곁들이다보면 그 양은 본인의 적정량을 넘기 일쑤다. 술자리에서 저녁을 먹게 되더라도 식사가 되는 메뉴를 먼저 먹어 공복감을 없앤 후 술을 마시는 것이 좋다.

5 다이어트는 일단 안 먹으면 된다고 생각한다

늘어난 뱃살 때문에 '오늘부터 다이어트다'라고 결심하며 출근하는 직장인들이 많다. 그래서 점심을 거르고 오후의 간식도 참아보지만 문제는 저녁이다. 저녁에 회식이라도 있는 날이면 그날의 노력은 수포로 돌아간다. 저녁까지 인내심을 발휘하더라도 다음 날 점심, 혹은 저녁이면 의지가 무너지는 일은 예사다. 동료의 '뭐 어때' 한마디가 아주 큰 유혹으로 다가올 수밖에 없다. 사회생활을 하며 시도하는 다이어트의 포인트는 먹지 않는 것이 아니라 무엇을 먹느냐의 문제다. 덜 먹거나 아예 먹지 않겠다는 작심삼일의 다이어트는 결국 늘어나는 뱃살을 찌우는 원인 중의 하나가 된다.

직장인 살빼기,
밥상을 바꾸는 것이 성공의 시작이다

흰쌀밥은 고기 반찬을 원하지

건강한 다이어트를 위한 식습관을 갖추기 위해서는 체중 감량을 위한 일시적인 저칼로리 식단이나 적게 먹어야 하는 절식 식단을 논하지 않는다. 외식과 과식으로 치우친 직장인의 식습관을 보완할 수 있는 방법과 배부르게 먹으면서 몸속의 균형을 찾아갈 수 있는 현미채식을 제안한다. 우리가 늘 먹는 쌀의 영양은 쌀의 알맹이에만 있는 것이 아니라 껍질에도 있다. 이 껍질에는 흰쌀밥이 채워주기에는 부족한 각종 영양소들이 가득하다. 그럼에도 현대인들은 먹기 불편하고 익숙하지 않다는 이유로 흰쌀을 선호하는데 이렇게 흰쌀을 주식으로 하는 탓에 전체적인 영양이 불충분하여 다른 것으로 보충하고자 한다. 그래서 흰밥을 먹으면 각양각색의 반찬을 놓고 식사를 하게 되고 화려한 간식을 필요로 하게 된다. 그러나 우리 몸의 소화기관은 한 번에 한두 가지 음식이 들어올 때 가장 소화력을 높일 수 있고 이때 충만함이 생긴다. 우리 몸에 균형을 이루는 소박한 식단을 완성하는 것이 바로 현미식이다.

채식만으로도 영양을 꽉 채울 수 있다

이때 선택할 수 있는 반찬에는 될 수 있으면 고기, 생선, 계란 등의 동물성 식품은 배제하고 채식 위주의 식재료를 선택하는 것이 좋다. 동물성 식품은 우리 몸속에 들어와서 많은 노폐물을 생산하여 우리의 해독기관을 과로하게 만든다. 또 한 가지 문제는 동물성 식품에 들어 있는 환경 호르몬에 의해 우리 몸이 교란되어 지방이 많아지는 점이다. 이는 우리 몸속에서 에스트로겐과 같은 역할을 하여 과체중을 부른다. 축산업에서는 지방 생성을 촉진하는 에스트로겐을 동물의 사료에 적용시켜 동물들이 빨리 성장하고 무게가 많이 나가게 하는 데에 사용한다. 이 사료를 먹고 자란 동물을 음식으로 먹게 되면 우리 몸에서도 호르몬 불균형이 심해질 수밖에 없다.

채식은 동물성 식품을 섭취했을 때 얻게 되는 부작용을 걱정하지 않아도 되며 식물성 식품이 함유하고 있는 풍부한 섬유질과 미네랄, 비타민 등의 성분으로 우리의 몸을 가볍고 건강하게 지킬 수 있다. 고기를 먹지 않으면 힘을 못 쓴다든지 성장에 지장이 있지 않을까 염려하는 이들도 있지만 그간의 많은 사례들과 전문가들의 조언에 따르면 채식만으로도 비타민은 물론 9가지 아미노산을 포함한 필수영양소를 얻을 수 있다는 결론이다. 완전한 채식가vegan들이 심장질환으로 사망하는 비율은 육식가의 10분의 1에 불과하며 채식을 통해 혈관이 막히는 것을 예방할 수 있다는 등의 연구 결과는 꾸준히 발표되고 있다.

다만 채식이 좋다고 해서 갑자기 식습관을 바꾸는 것은 바람직하지 않다. 갑작스러운 식단의 변화가 우리의 몸에 끼칠 영향을 생각해야 하기 때문이다. 이전의 식사습관이 영양과잉이라고 하여 하루아침에 채식으로 완전히 바꾸어버린다면 기력을 잃거나 현기증, 두통 등의 증상을 보일수도 있다. 이를 피하기 위해서는 동물성 식품을 먹는 횟수를 차츰 줄여가면서 채식으로 전환하는 것이 좋다.

현미채식 + 운동
일주일 스케줄

MON

아침 – 과일 주스 갈아 마시기
점심 – 한식당에서 비빔밥
저녁 – 현미와 백미 1:1 비율로 섞어 지은 밥, 김치찌개, 두부조림, 콩나물무침

운동 잠들기 전 스트레칭 10분

TUE

아침 – 과일 주스 갈아 마시기
점심 – 한식당에서 된장찌개 백반
저녁 – 현미와 백미 1:1 비율로 섞어 지은 밥, 미역국, 계란찜, 깻잎볶음, 김

운동 잠들기 전 스트레칭 10분

WED

아침 – 과일 주스 갈아 마시기
점심 – 도시락 싸기(현미주먹밥과 닭가슴살샐러드, 바나나)
저녁 – 현미와 백미 1:1 비율로 섞어 지은 밥, 고추장아찌, 오이소박이, 새송이버섯구이

운동 집 근처 공원에서 30분 산책, 잠들기 전 스트레칭 10분

THU

아침 – 과일 주스 갈아 마시기
점심 – 베트남 음식점에서 쌀국수
저녁 – 현미와 백미 1:1 비율로 섞어 지은 밥, 두부찌개, 오이소박이, 무채무침

운동 잠들기 전 스트레칭 10분

FRI

아침 – 과일 주스 갈아 마시기
점심 – 한식당에서 청국장
저녁 – 현미와 백미 1:1 비율로 섞어 지은 밥, 현미밥, 된장찌개, 가지나물, 메추리알조림

운동 잠들기 전 스트레칭 10분

SAT

아침 – 현미와 백미 1:1 비율로 섞어 지은 밥, 콩나물국, 강된장과 양배추쌈
점심 – 현미와 백미 1:1 비율로 섞어 지은 밥, 콩나물국, 잡채, 청포묵김무침, 김
저녁 – 현미와 백미 1:1 비율로 섞어 지은 밥, 된장찌개, 가지나물, 김

운동 잠들기 전 스트레칭 10분

SUN

아침 – 현미떡국
점심 – 현미떡으로 만든 떡볶이, 샐러드
저녁 – 현미와 백미 1:1 비율로 섞어 지은 밥, 된장국, 시금치무침, 감자볶음, 다시마튀김

운동 아침 스트레칭 10분, 집 근처 공원에서 1시간 산책, 잠들기 전 스트레칭 10분

이젠 쌀밥보다 현미밥이 더 맛있어!

MON

아침 – 현미밥, 미역국, 버섯볶음, 열무겉절이무침
점심 – 도시락(고구마흰콩조림, 고추소박이, 김)
저녁 – 현미밥, 된장국, 시금치무침, 감자볶음, 다시마튀김
운동　아침 스트레칭 10분, 집 근처 공원에서 30분 산책, 잠들기 전 스트레칭 10분

TUE

아침 – 현미밥, 된장국, 시금치무침, 무조림, 김
점심 – 한식당에서 비빔밥
저녁 – 현미밥, 된장국, 시금치무침, 감자볶음, 다시마튀김
운동　아침 스트레칭 10분, 집 근처 공원에서 30분 파워워킹, 잠들기 전 스트레칭 10분

WED

아침 – 현미밥, 된장국, 시금치무침, 감자볶음
점심 – 도시락(표고버섯주먹밥, 아스파라거스볶음, 땅콩조림)
저녁 – 현미밥, 된장국, 시금치무침, 메추리알조림, 무생채
운동　아침 스트레칭 10분, 집 근처 공원에서 30분 산책, 잠들기 전 스트레칭 10분

THU

아침 – 현미밥, 북엇국, 버섯볶음, 도토리묵무침
점심 – 한식당에서 된장찌개
저녁 – 현미밥, 된장국, 카레
운동　아침 스트레칭 10분, 집 근처 공원에서 30분 파워워킹, 잠들기 전 스트레칭 10분

FRI

아침 – 현미밥, 미역국, 버섯볶음, 열무겉절이무침, 김
점심 – 도시락(현미밥, 톳두부무침, 오이표고버섯볶음, 계란말이)
저녁 – 현미밥, 고구마순조림, 파래무침, 연근조림
운동　아침 스트레칭 10분, 집 근처 공원에서 30분 파워워킹, 잠들기 전 스트레칭 10분

SAT

아침 – 현미밥, 콩나물국, 무생채, 김
점심 – 현미밥, 오이지무침, 깻잎볶음, 풋고추와 된장
저녁 – 현미밥, 콩나물국, 오이지무침, 상추, 깻잎
운동　아침 스트레칭 10분, 집 근처 공원에서 30분 파워워킹, 잠들기 전 스트레칭 10분

SUN

아침 – 현미밥, 두부찌개, 고구마순조림, 무생채
점심 – 현미주먹밥, 야채샐러드, 바나나
저녁 – 현미밥, 순두부찌개, 잡채, 청포묵무침, 김
운동　아침 스트레칭 10분, 등산

고기 말고도 맛있는 음식이 얼마나 많은데!

MON

아침 – 현미밥, 버섯볶음, 열무겉절이무침, 김
점심 – 도시락(현미밥, 톳두부무침, 오이표고버섯볶음, 도토리묵조림)
저녁 – 현미밥, 고구마순조림, 파래무침, 연근조림
운동 아침 스트레칭 10분, 집 근처 공원에서 30분 파워워킹, 잠들기 전 스트레칭 10분

TUE

아침 – 현미밥, 된장국, 시금치무침, 감자볶음
점심 – 도시락(현미밥, 양배추쌈, 새송이양념구이, 단호박견과류조림)
저녁 – 현미밥, 감잣국, 고구마순조림, 열무김치, 김
운동 아침 스트레칭 10분, 헬스클럽에서 1시간 운동, 잠들기 전 스트레칭 10분

WED

아침 – 현미밥, 콩나물냉국, 무생채, 두부볶음, 김
점심 – 도시락(현미밥, 두부볶음, 오이소박이, 오이미역초회)
저녁 – 현미밥, 김치찌개, 다시마튀김, 시금치조림, 김
운동 아침 스트레칭 10분, 집 근처 공원에서 30분 파워워킹, 잠들기 전 스트레칭 10분

THU

아침 – 현미밥, 미역국, 가지무침, 열무김치, 김
점심 – 도시락(현미밥, 밤조림, 더덕구이, 호박된장볶음)
저녁 – 현미밥, 된장찌개, 도라지무침, 호박된장볶음, 김
운동 아침 스트레칭 10분, 헬스클럽에서 1시간 운동, 잠들기 전 스트레칭 10분

FRI

아침 – 현미밥, 김치찌개, 두부조림, 콩나물무침, 열무김치
점심 – 도시락(일본식 초밥, 발사믹표고구이, 단무지)
저녁 – 현미밥, 단호박찜, 우엉고추조림, 다시마조림
운동 아침 스트레칭 10분, 집 근처 공원에서 30분 파워워킹, 잠들기 전 스트레칭 10분

SAT

아침 – 현미떡국
점심 – 메밀국수, 녹두전
저녁 – 현미밥, 된장찌개, 잡채, 고구마순조림, 깻잎무침
운동 아침 스트레칭 10분, 헬스클럽에서 1시간 운동, 잠들기 전 스트레칭 10분

SUN

아침 – 현미밥, 순두부찌개, 오이소박이, 무채무침
점심 – 콩나물밥, 고추된장무침
저녁 – 현미밥, 콩나물국, 곤약두부무침, 쌀로 만든 너비아니
운동 아침 스트레칭 10분, 헬스클럽에서 1시간 운동, 잠들기 전 스트레칭 10분

다이어트 중독증 몰아내는 정신건강 전략

다이어트 때문에 스트레스를 받는다면
차라리 다이어트를 중단하는 것이 낫다.
몸만 가벼워지는 것이 아니라
정신도 함께 가벼워지는
건강한 마음가짐이 필요하다.

잠을 잘 자야 다이어트도 성공한다

야근과 회식이 일상인 직장인들에게 주말은 소중하다. 잠깐이지만 업무의 스트레스를 뒤로 미뤄둘 수 있으니 주말의 휴식은 한 주를 버티는 힘이 된다. 이런 소중한 주말을 가장 알차게 보내는 방법 중의 하나는 제대로 잘 쉬는 것이다. 몸과 마음이 제대로 쉴 수 있는 방법은 잠이다. 누군가는 주말을 잠으로 보내는 것이 아깝지 않느냐고 말하겠지만, 밖에 나가는 것 자체가 귀찮고 피곤한 직장인이라면 하루 종일 잠이라도 실컷 자는 것만으로도 몸과 정신은 최고의 호사를 누릴 수 있다. 한 주 내내 '눈 잠깐 붙이는' 잠자리는 과다한 업무와 스트레스를 해소하기엔 역부족이기 때문이다.

대한수면의학회가 직장인을 대상으로 한 조사에 따르면 20%가 잠을 자는 데 불편함을 느끼는 것으로 보고되었다. 평균 수면 시간은 6.5시간으로 7.75시간인 미국인에 비하면 1시간 이상 부족해 만성적 수면 부족에 시달린다고 한다. 수면 부족으로 인해 낮 시간의 활동에 영향을 받거나 일을 끝까지 수행하지 못한 경우, 직업 관련 사고나 교통 경험이 있는 경우도 다수에 달했다.

운동보다 제대로 자는 게 차라리 낫다

다이어트와 건강관리를 위해 주말에라도 운동을 하겠다고 결심하지만 속마음이 동하지 않는 사람이라면 제대로 푹 자는 주말로 다이어트 효과를 얻을 수 있다. 실제로 영국의 한 일간지는 잠을 자는 것으로 체중 감량 효과를 얻을 수 있다는 기사를 게재한 바 있다. 영국 브리스톨 대학의 샤라드 테헤리 박사가 1천 명을 대상으로 이틀 동안 수면 시간을 하루 10시간에서 5시간으로 줄이자 체중이 4% 가량 늘어난 것으로 나타났다. 당시 연구 참가자들의 혈액을 조사해보니 식욕을 자극하는 위 호르몬은 15% 증가한 반면 체내의 지방 수위를 뇌에 전달하는 호르몬은 15% 감소했다. 이는 체내의 지방이 줄고 있음을 알리는 신호가 되어 뇌는 더 많은 음식을 섭취할 것을 주문하게 된다는 결론이다.

한편 미국의 케어웨스턴 대학 파텔 박사는 15년 동안 7만 명 이상의 여성을 대상으로 한 연구 결과에서 매일 5시간 이하로 자는 여성들은 16년 동안 체중이 평균 15kg 정도 증가할 것으로 예상된다고 밝힌 바 있다. 이는 매일 7시간 이상 자는 여성들보다 30% 정도 체중이 더 나갈 것으로 예상되는 수치다. 결론적으로 보자면 같은 식습관과 운동습관을 가진 경우라면 수면 시간이 좀더 긴 사람의 체중이 더 적게 나간다는 이야기다. 이 같은 연구 결과와 관련하여 하루 1시간씩만 더 자면 연간 4.53kg을 줄일 수 있다는 견해를 제시하는 학자들도 있다.

이상적인 컨디션을 위해 하루 6시간 이상 자는 것이 좋고 다이어트 효과를 보려면 하루 8~10시간은 자는 것이 좋다. 그러나 이른 아침 출근하고 야근이 잦은 직장인들에게 하루 8시간을 자는 건 참으로 무리다. 주말을 잠으로 보내는데 이의를 달 수 없는 것이다. 다만 모자란 잠 보충을 위해 주말 낮 시간을 잠으로 모두 채우면 저녁과 밤 시간의 활용이 곤란하다. 특히 일요일 낮을 잠으로 보내게 될 경우 심리적인 허무함(아까운 주말을 잠으로 보내다니!)과 월요일에 대한 스트레스(보고서 아직 다 못 썼는데…!)로 일요일 밤은 숙면을 이루기 어렵다. 결국 주말에 한 일은 아무것도 없이 쉬었을 뿐인데 피곤한 월요일 아침을 맞이하게 되는 악순환이 이어진다.

건강을 부르는 잠 스케줄

이를 피하기 위해서는 휴일의 잠 스케줄을 잘 짜야 한다. 평소 출근 시간 때문에 미뤄둔 아침잠을 자고 여유 있게 일어나 아점(아침 겸 점심)을 먹는다. 시간은 11~12시 정도. 낮 시간엔 아무것도 하지 않아도 되지만 그래도 하면 좋은 일들을 한다. 집 근처 마트에 가서 가벼운 쇼핑을 하거나 읽고 싶은 책을 읽거나 TV를 보아도 좋고 게임도 좋다. 몸을 움직이든 머리를 움직이든 조금의 운동은 필요하다. 두세 시간 몸을 느슨하게 움직이면 졸음이 몰려온다. 졸음이 올 때 침대로 향할 수 있는 것이 바로 주말의 미덕 아니던가. 오후 3~4시쯤 낮잠을 자기 시작한다면 6시에는 일어나는 것이 좋다. 가족들에게 깨워달라고 하거나 알람을 맞춰두어 의식적으로 낮잠의 시간을 제한하는 것이 중요하다.

때에 맞추어 저녁을 먹고 난 후에는 남아 있는 휴일 저녁을 만끽하면 된다. 마찬가지로 몸이든 머리든 움직여야 한다. 대신 본인이 가장 좋아하는 것으로 한다. 특별히 원하는 것이 없다면 가벼운 운동이면 좋다. 어려운 운동 대신 TV를 보며 할 수 있는 요가 동작도 좋다. 집 근처 가벼운 산책이면 더욱 좋다. 이러한 가벼운 운동은 숙면에 큰 도움이 된다.

늦잠을 늘어지게 자고 낮잠까지 잤다면 밤에 쉽게 잠이 오지 않을 수 있으니 가벼운 수면 유도 동작을 하면 좋다.

수면의 양을 채웠으니 이제는 질도 한번 생각해볼 때다. 수면의 질을 높이려면 자정 이전에 잠을 자는 것이 좋다. 자정에서 오전 3시 사이에 근육을 합성하고 지방 연소를 증가시키는 활동이 왕성하므로 이 시간에 숙면을 취하면 다이어트에 도움이 된다.

올바른 수면 자세는 숙면으로 이르게 한다. 반듯하게 누운 다음 손을 느슨하게 풀어 배 위에 얹거나 양옆에 가지런히 놓고 호흡은 입을 다물고 코로 하는 것이 정석이라고 한다. 하지만 사람은 자는 동안 20~30회 몸을 뒤척여 스스로 가장 편안한 자세를 찾는 것이 보통이다. 때문에 수면 전문가들은 바로 눕든 옆으로 눕든 자신이 가장 편안하다고 느끼는 자세가 최적의 수면자세라고 말한다. 다만 몇 가지 예외는 있다. 코를 고는 사람이나 수면무호흡증을 앓고 있다면 똑바로 눕는 것보다는 옆으로 누워 자는 것이 좋다. 똑바로 누워서 잘 경우에는 기도가 막히게 되어 산소 공급량이 떨어져 심장에 부담을 주기 때문이다. 허리 통증이 있는 사람은 똑바로 누워 무릎 아래에 베개를 받치거나 옆으로 누워서 다리 사이에 베개를 끼고 자면 척추와 허리에 가해지는 부담을 크게 줄일 수 있다. 특히 TV를 보다가 소파에서 팔걸이를 베고 자는 자세는 목과 허리에 큰 무리가 갈 수 있으니 주의한다.

다이어트 때문에 스트레스를 받나요?

다이어트를 하겠다 마음먹은 대부분의 사람들에게는 '과체중'이라는 콤플렉스가 있다. 남들이 나를 볼 때 뚱뚱하다고 여길 것 같은 생각, 지금의 몸매는 자신이 생각하는 '바로 그 몸매'가 아니라는 생각이 들 때면 좋은 기분일 리 만무하다. 그렇다고 해서 콤플렉스가 늘 우울함 같은 혼자만의 생각에 그치는 것은 아니다. 콤플렉스는 자신의 한계를 벗어나고자 하는 자기 계발의 방식이 될 수 있다. 지금보다 나은 모습으로 발전할 수 있는 원동력이라는 측면에서 체중에 대한 콤플렉스는 성공적인 다이어트를 이끄는 확실한 동기로 작용한다.

다이어트 중독증, 그 악순환의 고리를 끊어라

하지만 체중을 원하는 만큼 줄이지 못하거나 요요 현상으로 인해 이전보다 과한 체중을 얻게 된다면 어떻게 될까. 실패한 다이어트의 경험이 많으면 많을수록 다이어트에 대한 강박증은 심각해지기 쉽다. 극심한 다이어트 강박증은 다이어트 중독으로 이어진다. 다이어트 중독 환자들 중에는 열등감이 극도에 달해 우울증에 시달리거나 대인기피증을 겪는 이들이 많다. 경우에 따라서는 음식을 보기만 해도 구역질이 나는 거식증, 먹고 토해내는 행동을 되풀

이하는 폭식증을 경험하기도 한다.

이런 극단적인 예가 아니더라도 다이어트에 대해 강박적으로 스트레스를 받는 경우는 허다하다. 가령 사람을 볼 때 무엇보다 체중을 먼저 신경 쓰고 그것으로 사람의 됨됨이를 판단하는 경우다. 만약 자신보다 몸매가 더 뚱뚱하다면 무의식 중에 상대를 무시하는 경향을 보이고, 날씬하다면 다이어트 중일 거라고 확신한다거나 은연중에 상대를 피하기도 한다. 물론 두 경우 모두 상대와의 관계에서 나온 결과가 아니라 오로지 체중과 몸매에 집착해 나온 생각일 뿐이다. 대부분의 인간관계가 이러한 식으로 흘러가다보면 원만한 사회생활을 이어가기란 쉽지 않다.

인간관계는 일단 접어두고라도 다이어트에 대해 지나치게 강박관념을 가지고 있으면 무엇보다 본인이 불편하다. 음식을 보면 체중이 늘어날 것을 먼저 걱정하게 되니 맛있게 먹는 것은 어렵고 늘 적게 먹어야 한다는 생각으로 식사에 대한 만족감은 떨어진다. 무엇을 어떻게 먹는지에 대한 생각보다 무조건 양을 줄이려는 생각에 밥의 양을 줄이고 과하게 자제하다보면 어느 순간 식욕을 참지 못해 폭식을 하게 되는 악순환이 된다. 폭식을 했던 자신을 자책하고 또다시 굶기 시작하더라도 그리 오래가지 않아 다시 폭식을 하는 경우가 다반사다.

처음 시작할 때의 마음가짐

다이어트 중독증이 가진 이러한 악순환의 과정을 반복하지 않으려면 무엇보다 올바른 다이어트 방법을 선택하는 것이 중요하다. 인터넷에 떠도는 이야기, 누가 그랬더라 하는 '카더라 통신', 단편적인 정보만으로 시작하는 다이어트는 출발부터 순조롭지 못하다. 다이어트는 식생활을 바꾸는 중요한 터닝포인

트다. 중요한 점은 다이어트의 방법을 결정하는 가장 결정적인 기준은 자신이라는 것이다.

쌀밥을 현미식으로 바꾸고 육식에서 채식으로 바꾸는 현미채식 다이어트는 그간의 식생활과 비교하면 아주 대대적인 변화다. 이 변화를 스스로 얼마만큼 받아들일 수 있는지를 판단하고 장기적으로 원하는 목표에 도달할 수 있도록 페이스를 조절해야 한다. 성급할 필요는 없다. 운동을 할 때 워밍업이 필요하듯 식단을 바꾸는 데도 변화를 받아들이는 시기가 분명 필요하다. 운동을 할 때도 며칠간은 근육에 무리가 가지 않도록 준비운동을 하듯, 채식으로 바꾸거나 현미식으로 바꾸는 식습관의 변화를 몸과 마음이 받아들일 준비가 되어야 한다.

무리한 계획이 아닌, 자신이 할 수 있는 수준에서 다이어트할 계획을 세웠다면 그것은 이제 원칙이 된다. 이때부터는 마음을 단단히 먹고 자신이 정한 규칙을 반드시 지키려는 의지가 필요하다. 초반에는 일주일에 한두 끼 정도 가볍게 시작하려는 계획을 세우고 자신과의 약속을 지킨다. 일정한 기간 다이어트를 시작할 워밍업이 충분히 되었다면 그때부터 본격적으로 다이어트를 시작한다. 이때는 주변에 다이어트를 한다고 알리는 것이 좋다. 이는 주변 사람들의 판단이나 격려, 혹은 오해가 염려스러워서가 아니라 이해를 구하기 위함이다. 앞으로 바뀌게 될 생활습관은 일시적인 변화가 아니다. 그러므로 자신의 생활 방식이 남들과 다르다는 것을 서로에게 이해시키고 그러한 과정에서 사람들과 잘 어울릴 수 있는 방법을 터득해나가는 것은 다이어트의 성공을 위해서도 아주 중요하다.

필자가 다이어트에 성공한 데 있어 도움이 되었던 결정적인 생각은 '충분히 먹을 수 있다'는 점이었다. 배가 고픈 다이어트는 이미 실패다. 마음속에서 이미 만족하지 못하기 때문이다. 현미채식 다이어트의 가장 큰 장점은 적게 먹는 것이 아니라 먹는 음식과 방법을 바꾸는 것뿐이라는 점, 그것이 아닐까 한다.

포기하고 싶을 때의 마음가짐

현미채식이 어느 정도 익숙해지고 늘 같은 음식을 먹는다는 생각에 지루해지기 쉽다. 체중에 큰 변화를 느끼지 않을 경우라면 그 지겨움은 더욱 크다. 비슷한 종류의 음식만 먹다보니 다른 음식에 대한 집착이 생기기도 한다. 이럴 때는 먹는 방법을 변화시키거나 먹는 장소를 바꾸어보면 도움이 된다. 현미식 때문에 가급적 집에서 밥을 해먹고 도시락을 싸다녔다면 외식을 하는 것만으로도 새로운 기분이 들 것이다. 분위기 있는 곳에서 맛보는 음식은 매일 먹는 음식도 색다른 느낌을 준다. 반드시 채식 식당이 아니어도 좋다. 채식이 가능한 식당에서 사람들과 어우러져 그간의 긴장감을 잊고 식사를 한다면 다이어트에 대한 스트레스가 한결 가벼워짐을 느낀다. 채식 식당이나 채식이 가능한 식당에서 음식을 먹으면 새로운 메뉴를 개발할 수 있어 도움이 되기도 한다. 늘 하던 조리법을 달리하거나 새로운 채식 재료를 접하면 더 넓은 채식의 세계로 들어설 수 있다.

만약 채식을 시작한 지 얼마 되지 않았을 때 고기 생각이 간절하다면 스스로에게 선물을 주는 것도 방법이다. 매번 억누르고만 있으면 언젠가는 터지기 마련이다. 일주일에 한 번, 혹은 한 달에 한 번 정도 하루를 정해 그날만큼은 원하는 음식을 먹는다. 필자의 경험상 입맛이 채식에 익숙해지면 고기 요리가 생각만큼 맛있는 것은 아니다. 하지만 그건 개인에 따라 차이가 있으니 '선물의 날'만큼은 음식의 종류에 대해서는 걱정 없이 먹겠다고 생각하는 것이 좋다.

다이어트를 포기하고 싶을 때 그 마음을 이겨낼 수 있는 또 하나의 방법은 다이어트의 동지를 만나는 것이다. 아무리 가까운 사람이라도 다이어트를 하지 않는 상태라면 다이어트를 하고 있는 사람의 몸과 마음 상태를 이해하기 어렵다. 그런 의미에서 온라인 커뮤니티는 서로의 경험담을 통해 다이어트의 의지를 다질 수 있는 효과적인 장소다. 다이어트의 과정에서 느끼는 어려움을 혼자서 삭히지 말고 게시판에 글을 올림으로써 그간의 스트레스를 어느 정도 해소할 수 있다. 또한 자신과 다르지 않은 많은 사례들을 통해 자신의 상태를 좀더 객관적으로 볼 수 있는 기회가 될 수 있다. 다만 커뮤니티에 올라오는 게시글은 다분히 개인적인 경험에서 우러나오는 사례들이므로 검증되지 않은 방법인 경우가 많다. 일반적인 다이어트의 방법이나 정보에 관한 것, 혹은 의지의 문제라면 모르지만 전문적인 조언이 필요한 내용들은 반드시 전문가의 도움을 받도록 한다.

다시 시작할 때의 마음가짐

몇 번의 경험으로 다이어트를 다시 시작할 엄두가 나지 않을 때가 있다. 이미 다이어트의 과정이 눈에 보이는 듯해 결국 실패할 거라 생각하기도 한다. 그럼에도 불구하고 다시 다이어트를 하겠다는 결심이 섰다면 다시 똑같은 경험을 반복하지 않는 것이 중요하다. 그러기 위해서는 이전에 했던 다이어트가 왜 실패했는지를 생각해보아야 한다. 그 이유를 노트에 적어 꼼꼼히 따져본다. 다이어트의 방법, 다이어트의 기간, 다이어트에 대한 동기와 의지 등에 관한 다이어트 기록을 만든다. 이러한 과정은 새로 시작하는 다이어트에 대한 확신을 가지고 의지를 다질 수 있는 좋은 기회가 될 것이다.

똑같은 실패를 경험할 필요는 없다. 단기간에 단편적인 방법으로 행할 수 있는 다이어트가 아니라 평생 할 수 있는 다이어트가 필요하다. 다이어트는 말 그대로 식이요법을 비롯한 생활습관에 대한 변화다. 먹는 것은 바뀌지 않은 채 운동만으로 살을 빼는 것은 일상생활을 하는 직장인들에게는 아주 힘든 일이다. 사회생활을 하는 데 지장이 없도록 다이어트의 페이스를 조절하고 스스로가 납득할 수 있는 방법을 선택하는 것이 무엇보다 중요하다.

다이어트 대한 오해가 요요를 부른다

앞서 말했듯 중요한 것은 눈에 보이는 체중 감량이 아니다. 사우나, 일시적인 운동, 단식이나 절식 등으로 체중이 늘거나 줄면 우리는 으레 살이 빠진다고 생각한다. 하지만 땀으로 빠져나가는 수분의 손실로 인해 1~2kg 정도 체중 차이가 나기도 하며 근육이 빠지거나 뼈의 밀도가 낮아지기도 한다. 다이어트와 건강을 위해 체중을 매일 체크하는 습관은 도움이 될 수 있지만 체중의 한끝 차이에 너무 예민할 필요는 없다. 우리의 몸 상태는 수시로 변화하고 활동하고 있으며 중요한 것은 체중이 아니라 건강한 몸 상태와 컨디션이기 때문이다.

체중이 줄었다고 좋아할 일은 아니야

한꺼번에, 단기간에 많은 체중을 감량하는 것은 그래서 좋지 않다. 이를 위해 몸을 무리하게 자극시키게 되고 정신적인 스트레스 또한 크기 때문이다. 무리하게 운동하거나 다이어트를 한 후 체중이 원하는 만큼 감소했다 하더라도 실제 몸은 지방뿐 아니라 근육도 함께 잃게 되고 뼛속의 무기질도 덩달아 빠져나간다. 물론 가장 먼저 잃는 것은 수분이다. 당장 한 끼만 굶어도 1~2kg 체중이 준다면 이는 체지방이 아닌 체수분인 경우가 대부분이다.

근육은 단위면적당 체지방보다 4배 이상 무겁다. 그래서 근육이 조금만 손실되어도 체중이 크게 줄어든다. 체중이 갑자기 줄어서 좋아할 일이 아닌 이유가 여기 있다. 근육은 지방을 소비하는 중요한 기관이므로 근육이 준다는 것은 다이어트나 운동의 효과를 볼 수 있는 확률이 그만큼 낮아지는 것을 뜻한다. 뼛속의 무기질은 체중의 변화에 큰 차이를 주지 않지만 나이 들면서 점점 중요해지는 것이 뼛속 영양분이다. 단기간에 수십 kg을 감량했다면 뼛속의 영양분도 많은 양이 손실된 것을 의미한다. 살을 빼는 김에 확실하게 빼자는 생각에 단기간 무리한 다이어트를 하면 체중은 감소할지 모르지만 근육과 뼛속의 영양까지 잃게 된다는 사실을 기억하자. 몸의 건강을 다지면서 탄탄한 몸매를 만들기 위해서는 장기간의 계획을 세워 지속적으로 유지하는 것이 가장 바람직하다.

요요는 왜 오는 걸까

비만의 원인이 탄수화물 섭취에 있다고 보고 탄수화물을 적게 먹는 다이어트가 유행한 적이 있다. 황제다이어트, 포도다이어트 등이 그것이다. 하지만 여기에는 큰 문제가 있다. 탄수화물을 절제한 후에 체중이 줄어들지 모르지만 우리 몸에 필요한 영양소를 제대로 섭취하지 못하여 문제가 생긴다. 사실 입에서 나오는 침, 위와 장에서 분비되는 대부분의 소화효소는 탄수화물을 소화할 수 있도록 도와준다. 이러한 사실만 보아도 우리 몸은 탄수화물을 가장 잘 소화하고 흡수할 수 있도록 만들어져 있다는 것을 알 수 있다. 그런데 왜 탄수화물 섭취가 비만의 원인이 된다는 것일까?

이유는 '단순탄수화물'을 섭취하는 양이 많아졌기 때문이다. 단순탄수화물은 장에서 빨리 흡수되어 혈당을 급격히 높이는데, 높아진 혈당을 낮추기 위해 췌

장에서는 인슐린을 급격하게 분비한다. 이 인슐린은 체내에서 쓰고 남은 혈당을 지방으로 만들어 몸속에 저장하므로 체중 증가를 불러온다.

단순탄수화물의 대표적인 예가 바로 흰쌀밥, 밀가루, 설탕 같은 정제식품이다. 이에 반해 미네랄과 식이섬유가 풍부한 현미 위주의 식사를 하게 되면 혈당의 상승이 천천히 이루어지고 장운동이 활발해져 몸속 지방을 분해시켜주고 노폐물의 배출이 원활하도록 돕는다.

일반적으로 다이어트를 하고 난 뒤에 생기는 요요현상은 우리 몸의 보상기전이라고 볼 수 있다. 평소 규칙적으로 식사를 하면 앞으로도 들어올 것을 생각하여 미리부터 과다한 양을 저장하려고 노력하지 않는다. 그러나 절식이나 단식, 원푸드다이어트 같은 심한 다이어트를 하게 되면 우리 몸은 비상사태라는 인식을 하게 되고 그렇게 되면 들어오는 식사에서 많은 양을 비축해두려고 노력한다. 다이어트 후 단순탄수화물을 섭취하는 횟수와 양이 늘어난다면 체중이 증가하는 것은 정말이지 시간문제다.

결국 성공적인 다이어트는 입맛을 바꾸어 식습관 자체를 바꾸는 일에 있다. 미네랄과 식이섬유가 풍부한 현미와 채식 위주의 식사는 빠른 시일 내에 큰 효과를 보지 못하더라도 장기적으로 보면 우리 몸을 건강하게 바꾸고 체중을 줄이는 좋은 방법이다. 무엇보다 다이어트를 일시적인 수단이 아닌 우리의 몸을 건강하게 바꾸는 생활습관으로 받아들이는 인식이 있어야 가능한 일이다.

직장인 종합건강검진,
무료라고 그냥 넘기지 마세요

건강검진 제대로 받기

소위 직장인이 받는 종합건강검진은 회사가 건강보험에 가입하여 직원이 건강보험 직장인 가입자로 되어 있는 경우다. 국민건강보험공단에서는 매달 의료보험비를 받아 그 돈으로 무료 건강검진을 실시하는 데 생산직은 1년마다, 사무직은 2년에 한 번 실시하고 있다. 1차 검진은 신장·몸무게·시력을 포함해 혈액·소변검사·방사선촬영·심전도검사 등 22개 항목을 검진하며 그 결과에 따라 해당 질환이 의심되면 2차 검진을 통지한다. 만 30세 이상의 여성은 자궁경부암 검사를 추가하며 만 40세 이상은 본인의 희망에 따라 위암·대장암·유방암 검사를 받을 수 있다. 만약 개인 사업자이거나 지역 가입자의 경우에는 건강검진 대상자 확인서를 우편으로 보내주는데, 가까운 곳에서 건강보험 검진을 실시하는 병원에 예약한 후 검진을 받으면 된다. 국민보험공단에서 실시하는 건강검진은 무료이기 때문에 신뢰를 하지 않거나 건너뛰기 쉽다. 유명 대학병원에서 수백만원씩 들여서 하는 정밀한 검진과는 차이가 있겠지만, 기본적인 검진은 모두 실시하고 있으며 이는 유료 검진과 차이가 없다. 다만 자주 피로를 느끼거나 소변을 본 후 갈증이 심한 경우, 복부 불쾌감이나 변비·설사가 잦은 경우, 가족 중에 고혈압·당뇨병·유방암 등의 환자가 있는 경우라면 개인적으로 건강검진을 받아 좀더 정밀한 검사를 해보는 것이 좋다.

건강검진하기 전에 체크할 사항

1 평소 복용하던 약이 있으면 검사하기 3일 정도 전부터 복용을 중단한다. 고혈압 치료제처럼 늘 먹어야 하는 약이 있으면 의사와 상의한 후 복용한다.

2 건강검진을 받기 3~4일 전부터 지나친 음주나 과로를 피하고 충분한 휴식을 취한다. 과격한 운동을 자제하는 것이 좋으며 검사 전날은 충분히 잠을 자는 것이 좋다.

3 검사 전날의 저녁식사 때는 기름진 음식을 자제하고 담백하고 가볍게 먹는다. 9시 이후에는 아무것도 먹지 않는 것이 좋다. 건강검진 당일 아침은 식사를 하지 않고 물이나 음료, 껌, 담배 등을 금한다.

4 여성의 경우 생리·임신 중에는 건강검진을 받지 않는 것이 좋다. 임신 사실을 모르고 건강검진을 할 경우 방사선에 노출되어 태아에게 영향을 미칠 수 있으니 가임 여성이라면 검진 전에 임신 여부를 확인한다. 생리 중이라면 끝난 후 3일이 지나 검진을 받는다. 이 시기는 호르몬의 영향을 받는 조건들을 최소화할 수 있다.

나이대별
건강검진 리스트

- 1~2년에 한 번은 정기검진을 받는다.
- 매년 혈압·갑상선·대변·흉부X선(여성의 경우 자궁경부·세포진 검사).

비고

- 여성의 경우 2년에 한 번씩 유방암 검사를 한다.
- 담배를 하루 2갑 이상 피우거나 청소년기부터 담배를 피워온 사람이라면 6개월에 한 번 흉부X선 검사(결핵의 가능성을 알아보는 검사)를 받는 것이 바람직하다.

- 1년에 한 번씩 종합검진을 받는다.
- 술자리가 잦은 사람은 매년 간기능 검사를 받는다.
- 위궤양·만성위축성 위염 환자, 위암 가족력이 있는 사람은 매년 위내시경 혹은 위투시 검사.
- 식사가 불규칙한 경우·심한 스트레스로 자주 소화불량 증상을 보이는 경우 매년 위내시경 혹은 위투시 검사.

비고

- B형 또는 C형 간염 보유자는 6개월, 만성 간질환 및 간경변 환자는 3~4개월에 한 번 간 초음파 검사를 받는다.

- 매년 위내시경·위투시·흉부X선·갑상선·대변·간·자궁세포진 검사.
- 2~4년에 한 번씩 직장수치 검사.
- 3년에 한 번씩 콜레스테롤 수치를 측정하는 HDL 검사.

비고

- 유방암을 앓았거나 가족력이 있는 경우는 매년 유방X선 검사 및 초음파 검사.
- 50세 이상의 흡연자로 당뇨병, 고혈압, 고콜레스테롤혈증을 가진 경우 말초동맥촉진 검사.
- 에스트로겐 치료를 받지 않고 있는 44~45세 폐경 여성은 심전도와 운동부하 검사.

직장인 살빼기 전략
ⓒ김찬걸 2010

1판 1쇄 2010년 11월 25일 | **1판 2쇄** 2010년 12월 24일

지은이 김찬걸 | **요리** 김찬걸, 요리연구가 손선영 | **사진** 김종현 eyelevel studio
도움 주신 분 체조 모델 한승희, 트레이너 강영길 휘트니스J 02-481-8228

펴낸이 김정순 | **책임편집** 박상경 | **기획 구성** 김희경 | **디자인** curious sofa | **마케팅** 한승일 임정진 박정우

펴낸곳 (주)북하우스 퍼블리셔스 | **출판등록** 1997년 9월 23일 제 406-2003-055호
주소 121-840 서울 마포구 서교동 395-4 선진빌딩 6층 | **전화** (02)3144-3123 | **팩스** (02)3144-3121
전자우편 editor@bookhouse.co.kr | **홈페이지** www.bookhouse.co.kr

ISBN 978-89-5605-497-1 13590

이 도서의 국립중앙도서관 출판시도서목록(CIP)은 e-CIP 홈페이지(http://www.nl.go.kr/ecip)에서 이용하실 수 있습니다. (CIP제어번호: CIP2010004167)